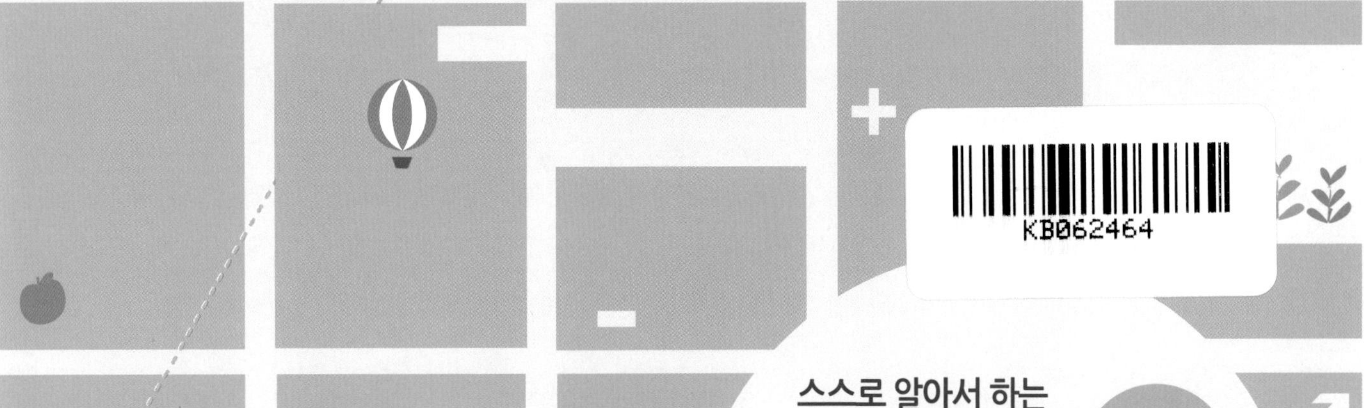

스스로 알아서 하는

하루 10분수학

계산편

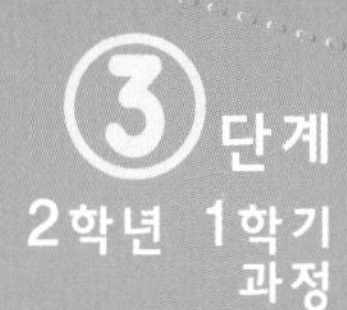

③ 단계
2학년 1학기 과정

하루10분수학(계산편)의 소개

스스로 알아서 하는 하루10분수학으로 공부에 자신감을 가지자 !!!
스스로 공부 할 줄 아는 학생이 공부를 잘하게 됩니다.
책상에 앉으면 제일 처음 '하루10분수학'을 펴서 공부해 보세요.
기본적인 수학의 개념과 계산력 훈련은 집중력을 늘리게 되고
이 자신감으로 다른 학습도 하고 싶은 마음이 생길 것입니다.
매일매일 스스로 책상에 앉아서 연습하고 이어서 할 것을 계획하는 버릇이 생기면
비로소 자기주도학습이 몸에 배게 됩니다.

하루10분수학(계산편)의 활용

1. 아침 학교 가기 전 집에서 하루를 준비하세요.
2. 등교 후 1교시 수업 전 학교에서 풀고, 수업 준비를 완료하세요.
3. 하교 후 정한 시간에 책상에 앉고 제일 처음 이 교재를 학습하세요.

하루10분수학은 수학의 개념/원리 부분을 스스로 익혀
학교와 학원의 수업에서 이해가 빨리 되도록 돕고, 생각을 더 많이 할 수 있게 해 주는 교재입니다.
'1페이지 10분 100일 +8일 과정' 혹은 '5페이지 20일 속성 과정'으로 이용하도록 구성되어 있습니다.
본문의 오랜지색과 검정색의 조화는 기분을 좋게하고, 집중력을 높이데 많은 도움이 됩니다.

HAPPY

꿈을 향한 나의 목표

나는 (하)고 한

(이)가 될거예요!

공부의 목표

예체능의 목표

생활의 목표

건강의 목표

나의 목표를 꼼꼼히 세우고, 목표를 달성하기위해 노력해요^^

SMILE

목표를 향한 나의 실천계획

공부의 목표를 달성하기 위해

1.

2.

3.

할거예요.

예체능의 목표를 달성하기 위해

1.

2.

3.

할거예요.

생활의 목표를 달성하기 위해

1.

2.

3.

할거예요.

건강의 목표를 달성하기 위해

1.

2.

3.

할거예요.

나의 목표를 꼼꼼히 세우고, 목표를 달성하기위해 노력해요^^

HAPPY

꿈을 향한 나의 일정표

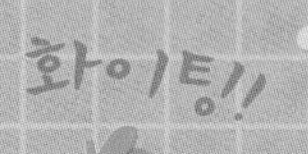

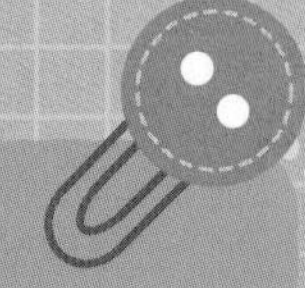

SUN	MON	TUE	WED	THU	FRI	SAT

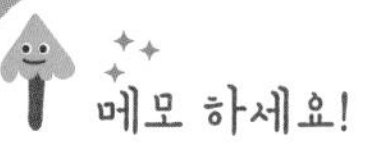

SUN	MON	TUE	WED	THU	FRI	SAT

SMILE

꿈을 향한 나의 일정표

화이팅!!

월

이달의일정표를 작성해 보세요!

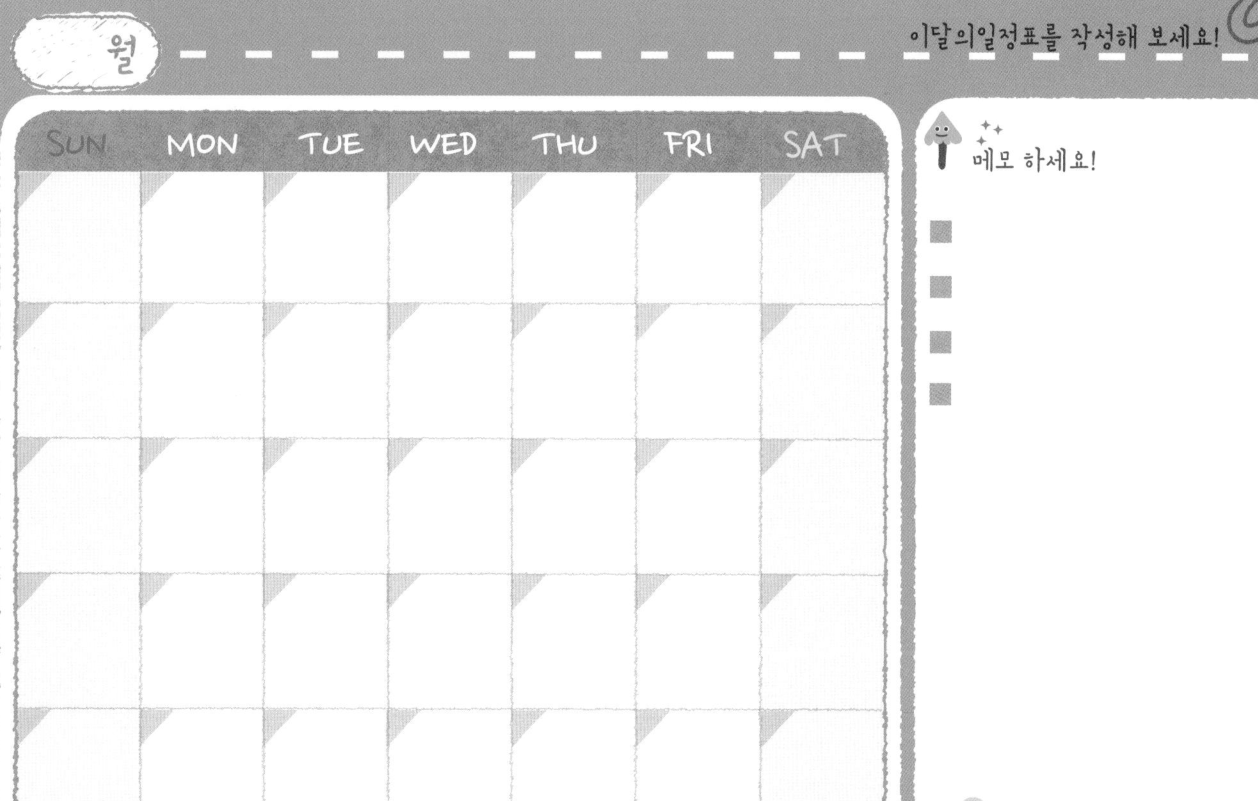

SUN	MON	TUE	WED	THU	FRI	SAT

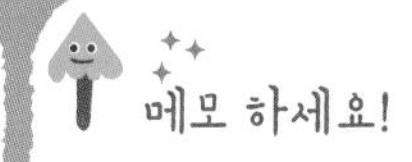

하루10분수학(계산편)의 차례 ③

2학년 1학기 과정

1일 10분 100일 / 1일 5회 20일 과정

※ 문제를 풀고난 후 틀린 점수를 적고 약한 부분을 확인하세요.

하루10분수학(계산편)의 구성

1. 오늘 공부할 제목을 읽습니다.

2. 개념부분을 가능한 소리내어 읽으면서 이해합니다.

3. 개념부분을 참고하여 가능한 소리내어 읽으며 문제를 풉니다. 시작하기전 시계로 시간을 잽니다.

4. 다 풀었으면, 걸린시간을 적습니다. 정확히 풀다보면 빨라져요!!! 시간은 참고만^^

5. 스스로 답을 맞히고, 점수를 써 넣습니다. 틀린 문제는 다시 풀어봅니다.

1 수 3개의 계산 (2)

4+1－3의 계산

사과 4개에서 사과 1개를 더하면 사과 5개가 되고, 5개에서 3개를 빼면 사과는 2개가 됩니다. 이 것을 식으로 4+1－3=2이라고 씁니다.

4+1－3의 계산은 처음 두개 4+1을 먼저 계산하고, 그 값에 뒤에 있는 －3를 계산하면 됩니다.

$4+1-3=2$ (4+1 → 5, 5－3 → 2)

※ 여러 개의 식이 붙어 있으면, 처음부터 한개 한개 계산합니다.

위의 내용을 생각해서 아래의 □에 알맞은 수를 적으세요.

1 2+2－1=□ (4, 3)	5 2+3－3=□	9 5+2－6=□
2 4+3－5=□	6 5+2－4=□	10 3+4－5=□
3 5+4－2=□	7 4+1－2=□	11 1+6－3=□
4 3+0－3=□	8 8+1－0=□	12 4+6－4=□

이어서 나는 [　　] 을(를) 공부/연습할거야!! 05

6. 모두 끝났으면, 이어서 공부나 연습할 것을 스스로 정하고 실천합니다.

tip 교재를 완전히 펴서 사용해도 잘 뜯어지지 않습니다.

스스로 알아서 하는

하루 10분 수학

계산편

배울 내용

01회~10회 1000까지의 수

11회~30회 받아올림이 있는 덧셈

31회~50회 받아내림이 있는 뺄셈

51회~55회 1cm / 여러가지 모양

56회~70회 식 바꾸기 / 수 3개의 계산

70회~95회 두자리수 바로 계산하기

96회~100회 곱하기

101회~108회 총정리

3단계

2학년 1학기 과정

01 백, 몇백

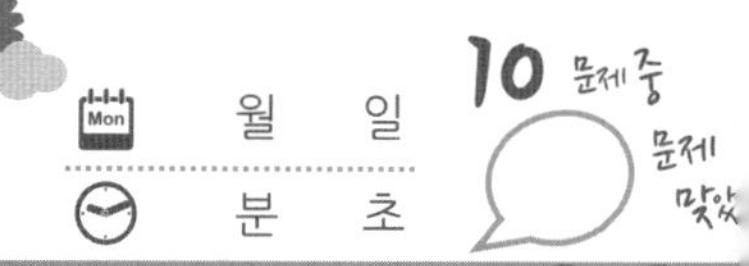

99보다 1 큰 수 100 (백)

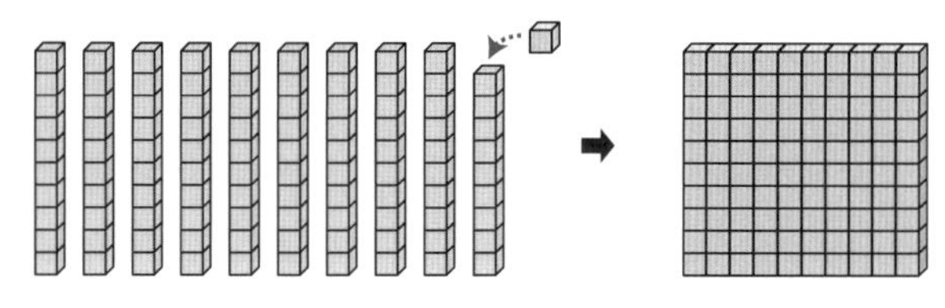

99보다 1 큰 수는 100 입니다.
100은 백이라고 읽습니다.
10개씩 10묶음, 100개씩 1묶음 입니다.

쓰기	읽기
100	백

100이 2이면 200 (이백), 3이면 300 (삼백)

100개가 2개 있으면 200이고, 이백이라고 읽습니다.
100개가 3개 있으면 300이고, 삼백이라고 읽습니다.
100개가 9개 있으면 900이고, 구백이라고 읽습니다.

100의 수	1	2	3	4	...	9
쓰기	100	200	300	400	...	900
읽기	백	이백	삼백	사백	...	구백

아래의 빈 칸에 들어갈 알맞은 수나 글을 적으세요.

01. 99보다 1 크거나, 101보다 ☐ 작은 수를

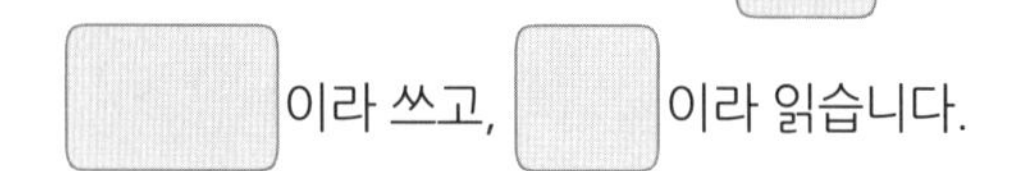

☐ 이라 쓰고, ☐ 이라 읽습니다.

02. 90보다 10 크거나, 110보다 ☐ 작은 수를

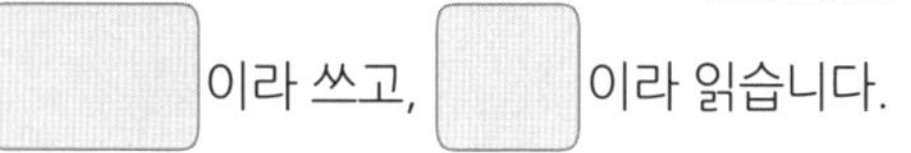

☐ 이라 쓰고, ☐ 이라 읽습니다.

03. 100은 90 보다 ☐ 크고,
80 보다 ☐ 큰 수입니다.

04. 100은 110 보다 ☐ 작고,
120 보다 ☐ 작습니다.

05. 100은 70 보다 ☐ 크고,
130 보다 ☐ 작습니다.

06. 100이 4개 있으면

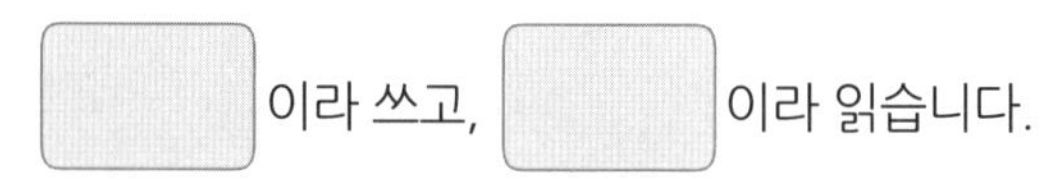

☐ 이라 쓰고, ☐ 이라 읽습니다.

07. 100이 8개 있으면

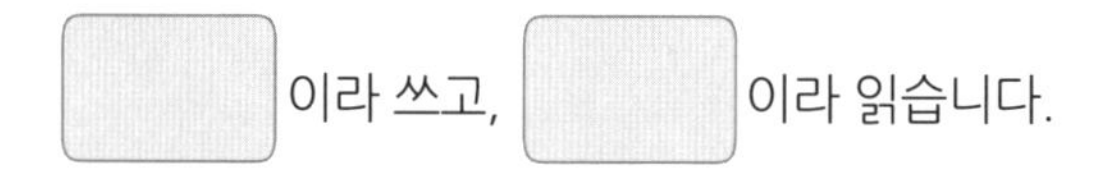

☐ 이라 쓰고, ☐ 이라 읽습니다.

08. 100원짜리 동전 3개는 ☐ 원 입니다.

09. 100원짜리 동전이 5개 있으면 ☐ 원입니다.
100원짜리 동전이 7개 있으면 ☐ 원입니다.

10. 600원은 100원짜리 동전이 ☐ 개 있어야 하고,
900원은 100원짜리 동전이 ☐ 개 있어야 합니다.

※ 글이나 수를 적을때는 네모 안에 정성들여 적는 연습을 합니다.

이어서 나는 ☐ 을(를) 공부/연습할거야!!

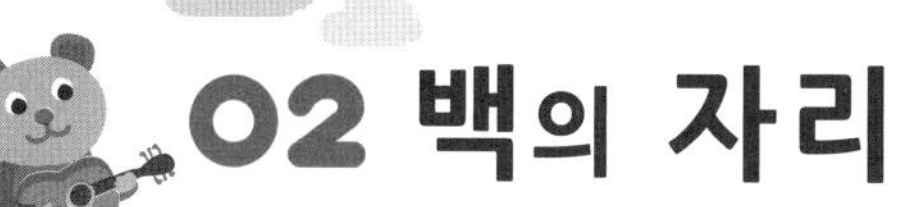

02 백의 자리

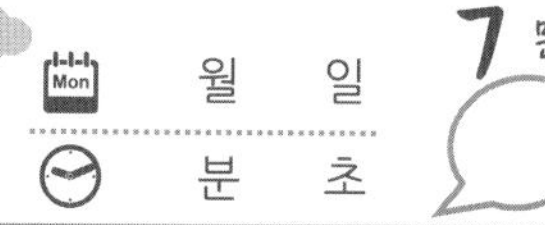

326은 삼백이십육이라고 읽습니다.

326에서 3 : 백의 자리 수이고, 300을 나타냅니다.
2 : 십의 자리 수이고, 20을 나타냅니다.
6 : 일의 자리 수이고, 6을 나타냅니다.

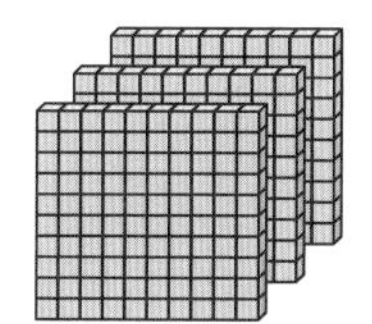
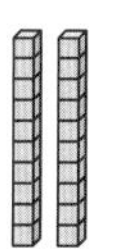

쓰기	읽기
326	삼백이십육

300 + 20 + 6 = 326

백의 자리와 세자리수

한자리수	숫자 1개인 수	1 ~ 9
두자리수	숫자 2개인 수	10 ~ 99
세자리수	숫자 3개인 수	100 ~ 999

일의 자리 : 낱개의 수를 적는 자리
십의 자리 : 10개씩 묶음수를 적는 자리
백의 자리 : 100개씩 묶음수를 적는 자리

아래의 □에 들어갈 알맞은 수나 글을 적으세요.

01. 243은 100개 묶음 □개,
10개 묶음 □개,
1개 묶음 □개인 수이고,
□□□□□ 이라고 읽습니다.

02. 100개 묶음 9개,
10개 묶음 2개,
1개 묶음 8개인 수는 □이고,
□□□□□ 이라고 읽습니다.

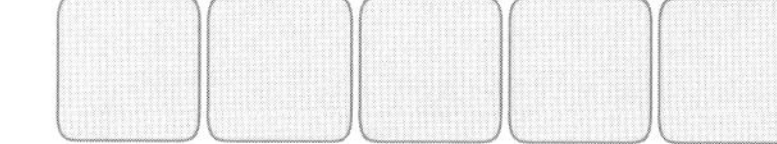

03. 576의 5는 □의 자리 수이고, □을 나타내고,
7은 □의 자리 수이고, □을 나타내고,
6은 □의 자리 수이고, □을 나타내고,
□□□□□ 이라고 읽습니다.

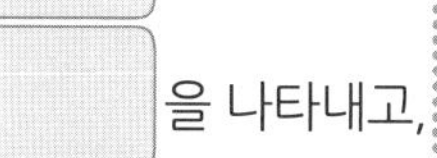

04. 백의 자리 수가 7이고,
십의 자리 수가 2이고,
일의 자리 수가 3인 수는 □이고,
□□□□□ 이라고 읽습니다.

05. 한 자리 수에서 가장 작은 수는 □이고,
가장 큰 수는 □입니다.

06. 두 자리 수에서 가장 작은 수는 □이고,
가장 큰 수는 □입니다.

07. 세 자리 수에서 가장 작은 수는 □이고,
가장 큰 수는 □입니다.

03 세 자리 수의 크기 비교

① **백**의 자리 숫자가 **큰 수**가 더 큽니다.

427 > 319 (4 > 3)

② **십**의 자리 숫자가 **큰 수**가 더 큽니다.

257 > 238 (5 > 3)

③ **일**의 자리 숫자가 **큰 수**가 더 큽니다.

236 > 234 (6 > 4)

④ **자릿수**가 **많은 수**가 더 큰 수 입니다.

238 > 57

세 자리 수 > 두 자리 수

자릿수가 다르면 자릿수가 많은 수가 큰 수이고,

자릿수가 같으면 백의자리, 십의자리, 일의자리 숫자의 순서로 크기를 비교합니다.

두 수의 크기를 보기와 같이 풀고, ☐에 더 큰 수를 적으세요. ※ ">, <"는 더 큰 쪽으로 입을 벌립니다.

일의 자리 1 (<) 7

백의 자리 6 ◯ 5

십의 자리 4 ◯ 5

일의 자리 7 ◯ 6

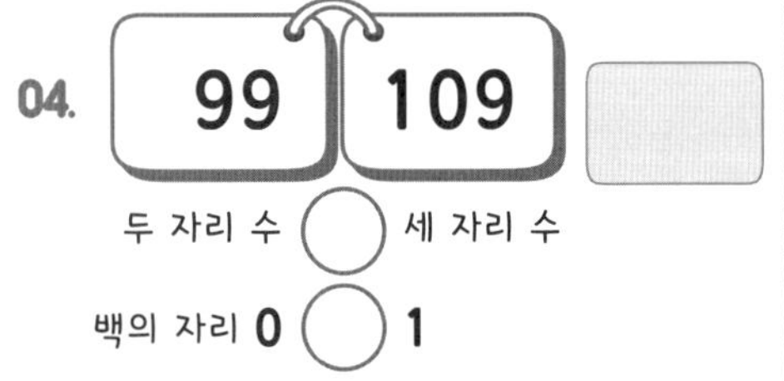

두 자리 수 ◯ 세 자리 수

백의 자리 0 ◯ 1

__의 자리__◯__

__의 자리__◯__

__의 자리__◯__

__의 자리__◯__

__자리 수 ◯__자리 수

__의 자리__◯__

__의 자리__◯__

__의 자리__◯__

__의 자리__◯__

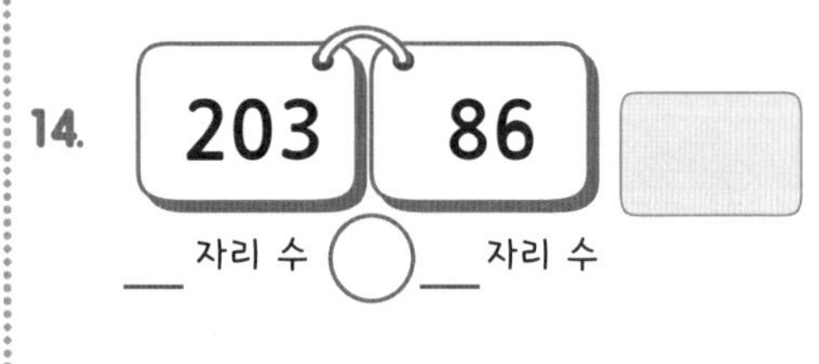

__자리 수 ◯__자리 수

04 세 자리 수 만들기

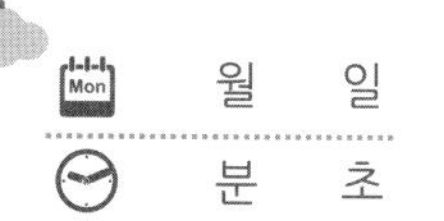

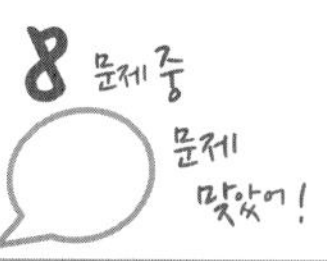

4, 6, 9 로 세 자리 수 만들기

① **가장 큰 수**는 **큰 수**부터 앞에 늘어놓습니다.

9	6	4

백의 자리부터 수를 만듭니다.

② **가장 작은 수**는 **작은 수**부터 앞에 늘어놓습니다.

4	6	9

수의 크기는 백의 자리부터 결정되므로 백의 자리 수부터 만듭니다.

0, 3, 5 로 세 자리 수 만들기

① **가장 큰 수**는 **큰 수**부터 앞에 늘어놓습니다.

5	3	0

② **가장 작은 수**는 **작은 수**부터 앞에 늘어놓습니다.

3	0	5

0이 백의 자리에 오면 두 자리수가 되기 때문에 0은 제일 앞에 올 수 없습니다. 049 → 두자리수

보기와 같이, 아래의 수를 한 번만 사용하여 세 자리 수를 만드세요.

보기 4 5 0 8

가장 큰 수 854

가장 작은 수 405

0을 뺀 수 중 가장 작은 수를 백의 자리에 놓습니다.
0을 십의 자리(두번째)에 놓습니다.

01. 3 1 2

가장 큰 수

가장 작은 수

02. 5 0 4

가장 큰 수

가장 작은 수

03. 2 1 6 7

가장 큰 수

가장 작은 수

04. 9 0 3 5

가장 큰 수

가장 작은 수

05. 0 8 2 5

가장 큰 수

가장 작은 수

06. 1 3 5 7 9

가장 큰 수

가장 작은 수

07. 0 2 4 6 8

가장 큰 수

가장 작은 수

08. 3 5 0 1 8

가장 큰 수

가장 작은 수

05 세 자리 수의 위치

3 문제 중 문제 맞았

10부터 1000까지 10씩 뛰어세기 한 표에 빈칸을 채우고, 물음에 답하세요.

위

앞 | 뒤

10	20		40		60		80	90	
	120	130	140		160	170		190	
210		230	240			270	280		
310	320		340		360		380	390	
410	420	430			460	470		490	
	620	630	640		660	670	680		
710		730	740		760	770		790	
810	820		840		860		880	890	
910	920	930				970	980	990	1000

아래

01. **십**의 자리 수가 **1**인 수에 ○표 하고, **백**의 자리 수가 **8**인 수에 △ 표시를 하세요.

02. **어떤 수**에서 **뒤**로 **1**칸을 가면 **10**이 커집니다. **앞**로 **1**칸을 가면 ☐ 이 작아 집니다.

03. **어떤 수**에서 **아래**로 **1**칸을 가면 **100**이 커집니다. **위**로 **1**칸을 가면 ☐ 이 작아 집니다.

이어서 나는 ☐ 을(를) 공부/연습할거야!!

확인 (틀린 문제의 수를 적고, 약한 부분을 보충하세요.)

회차	틀린문제수
01 회	문제
02 회	문제
03 회	문제
04 회	문제
05 회	문제

생각해보기

앞에서 배운 5회차 내용이 모두 이해 되었나요?

1. 모두 이해되고 자신있다. → 다음 회로 넘어 갑니다.

2. 2~3문제 틀릴 수는 있겠지만 거의 이해한다.
   → 개념부분을 한번 더 읽고 다음 회로 넘어 갑니다.

3. 잘 모르는 것 같다.
   → 개념부분과 틀린문제를 한번 더 보고 다음 회로 넘어 갑니다.

틀린 문제가 있었다면 왜 틀렸을거라고 생각합니까?

1. 개념 설명이 어려워서 잘 모르겠다. 2. 다 아는데 실수한 것 같다.

3. 빨리 끝내고 싶어서 집중할 수가 없다. 4. 하기 싫어서....

오답노트 (앞에서 틀린 문제나 기억하고 싶은 문제를 적습니다.)

회	번
문제	풀이

회	번
문제	풀이

회	번
문제	풀이

회	번
문제	풀이

회	번
문제	풀이

06 뛰어세기 (1)

Mon 월 일
분 초

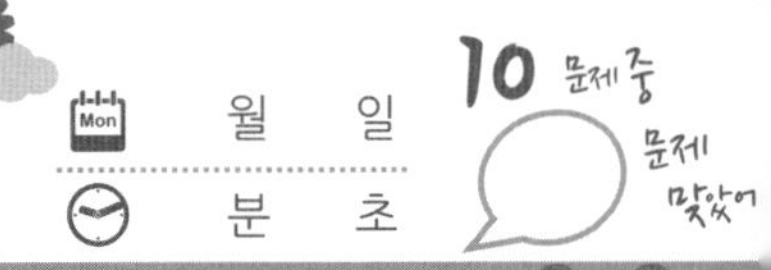

100씩 뛰어세기는 **백**의 자리의 숫자가 1씩 커집니다.

120 - 220 - 320 - 420 - 520

10씩 뛰어세기는 **십**의 자리의 숫자가 1씩 커집니다.

120 - 130 - 140 - 150 - 160

1씩 뛰어세기는 **일**의 자리의 숫자가 1씩 커집니다.

120 - 121 - 122 - 123 - 124

999 보다 1 큰 수는 1000이고, **천**이라고 읽습니다.

998 - 999 - 1000 - 1001 - 1002

아래에 적혀있는 데로 뛰어 세기를 해보세요.

01. 100부터 1씩 뛰어세기

02. 800부터 10씩 뛰어세기

800 - ☐ - ☐ - ☐ - ☐

03. 100부터 100씩 뛰어세기

100 - ☐ - ☐ - ☐ - ☐

04. 324부터 1씩 뛰어세기

324 - ☐ - ☐ - ☐ - ☐

05. 637부터 10씩 뛰어세기

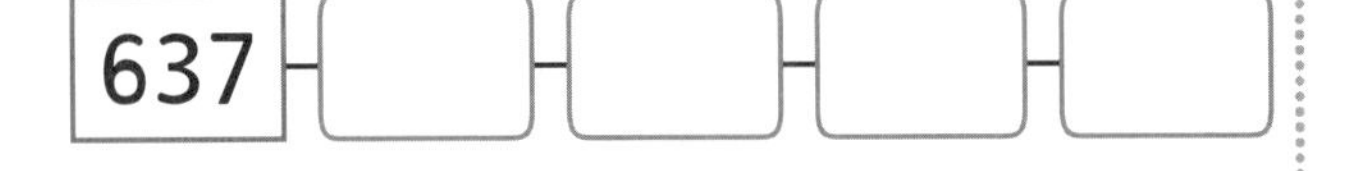

06. 463부터 100씩 뛰어세기

463 - ☐ - ☐ - ☐ - ☐

07. 728부터 1씩 뛰어세기

728 - ☐ - ☐ - ☐ - ☐

08. 671부터 10씩 뛰어세기

671 - ☐ - ☐ - ☐ - ☐

09. 582부터 100씩 뛰어세기

582 - ☐ - ☐ - ☐ - ☐

10. 997부터 1씩 뛰어세기

997 - ☐ - ☐ - ☐ - ☐

 이어서 나는 ☐ 을(를) 공부/연습할거야!!

07 뛰어세기 (2)

아래의 표는 1부터 100까지 적힌 '수 배열표' 입니다.

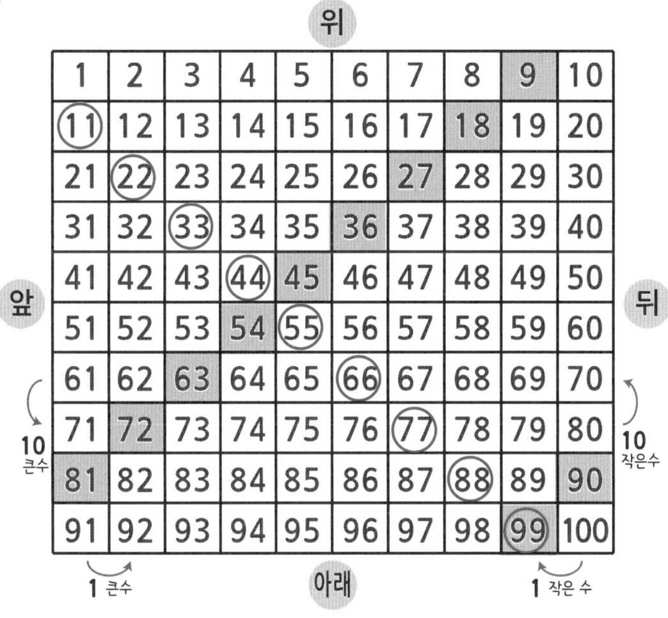

1	2	3	4	5	6	7	8	9	10
11	12	13	14	15	16	17	18	19	20
21	22	23	24	25	26	27	28	29	30
31	32	33	34	35	36	37	38	39	40
41	42	43	44	45	46	47	48	49	50
51	52	53	54	55	56	57	58	59	60
61	62	63	64	65	66	67	68	69	70
71	72	73	74	75	76	77	78	79	80
81	82	83	84	85	86	87	88	89	90
91	92	93	94	95	96	97	98	99	100

01. 위의 표에서 오른쪽으로 갈수록 1씩 커지므로
1씩 뛰어 세기를 한 것입니다.

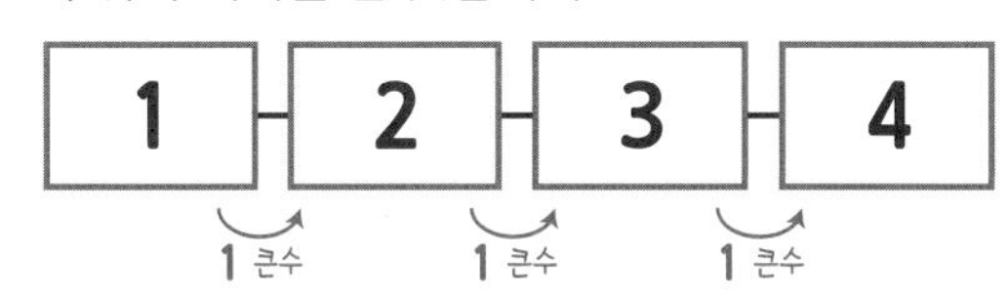

02. 위의 표에서 아래쪽으로 갈수록 10씩 커지므로
10씩 뛰어 세기를 한 것입니다.

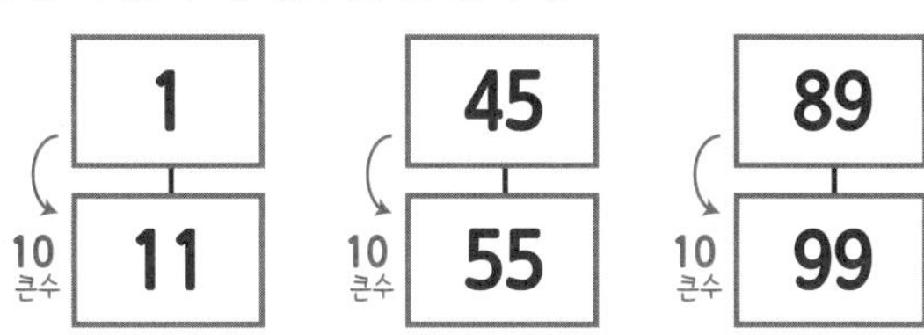

03. 위의 표에서 숫자 9에서 앞쪽 아래로 갈수록 9씩 커지므로
9씩 뛰어 세기를 한 것입니다.

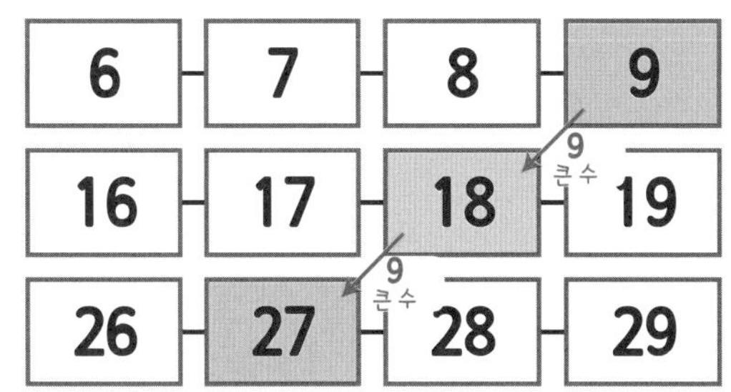

04. 옆의 표에서 숫자 1에서 뒤쪽 아래로 갈수록 11씩 커지므로
11씩 뛰어 세기를 한 것입니다.

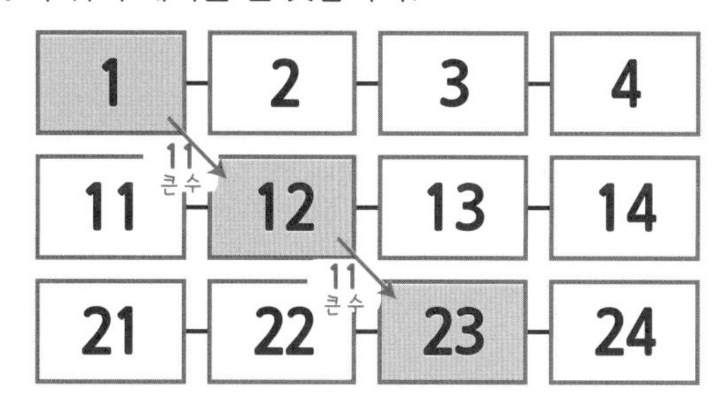

05. □씩 뛰어 세기를 하면 □씩 커집니다.
5씩 뛰어 세기를 하면 5씩 커집니다.

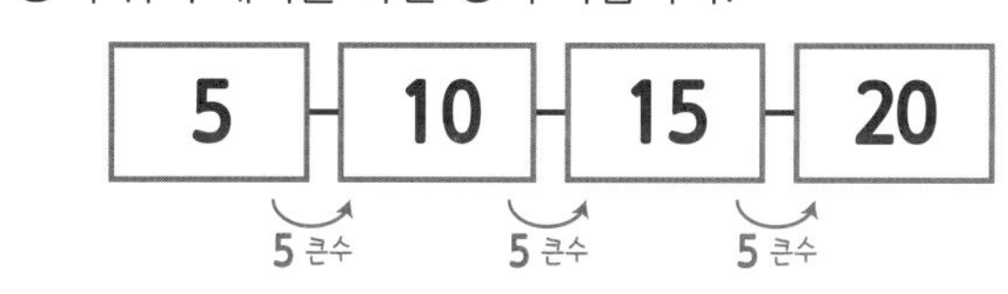

뛰어 세기의 규칙을 찾고, 알맞은 수를 적으세요.

01.

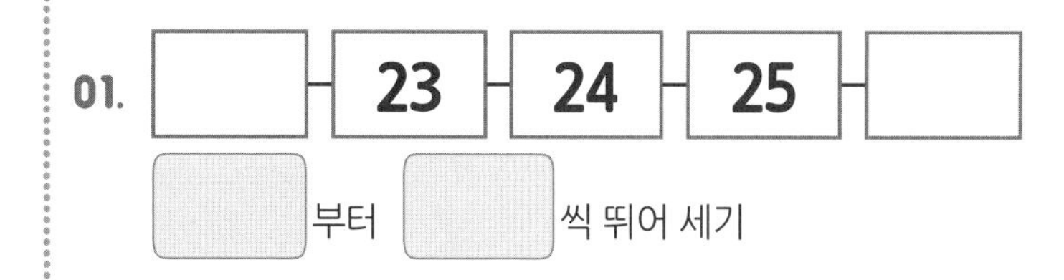

02.

03.

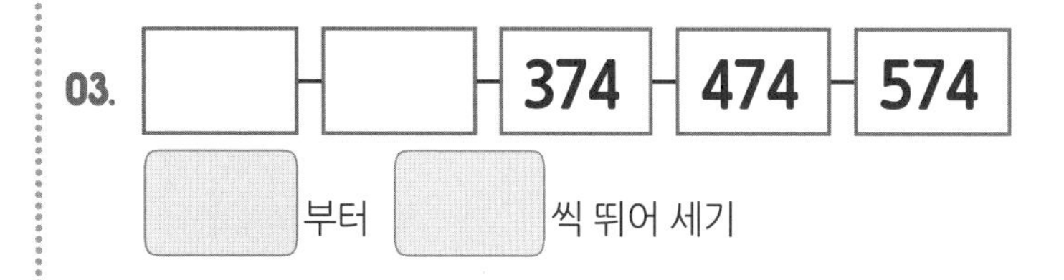

1부터 100까지 수를 생각해서 아래의 물음에 답하세요.

01. 아래의 숫자를 숫자로 적고, 표에 색칠 하세요.

삼백이 (　　　) 오백육 (　　　)

칠백십 (　　　) 사백이십삼 (　　　)

구백오십 (　　　) 팔백칠십사 (　　　)

02. 아래의 숫자를 한글로 적고, 표에 색칠 하세요.

123 (　　　　　) 205 (　　　　　)

640 (　　　　　) 414 (　　　　　)

756 (　　　　　) 1000 (　　　　　)

03. 아래의 물음에 해당하는 숫자를 적으세요.

100개 묶음이 5개, 10개 묶음이 8개이고,
낱개가 9인 수 (　　　)

100의 자리가 9, 10의 자리가 9이고,
1의 자리가 2인 수 (　　　)

04. 아래의 물음에 해당하는 숫자를 적으세요.

360보다 1 큰 수 (　　　), 1 작은 수 (　　　)

154보다 10 큰 수 (　　　), 10 작은 수 (　　　)

728보다 100 큰 수 (　　　), 100 작은 수 (　　　)

437보다 200 큰 수 (　　　), 200 작은 수 (　　　)

05. 수를 비교하여 빈칸에 적으세요.

352 357
더 큰 수 [　]
더 작은 수 [　]

463 392 471
가장 큰 수 [　]
가장 작은 수 [　]

729 761
더 큰 수 [　]
더 작은 수 [　]

818 854 99
가장 큰 수 [　]
가장 작은 수 [　]

06. 규칙에 맞도록 빈칸에 알맞은 수를 써넣으세요.

[　] - 210 - 211 - 212 - [　]

570 - 580 - 590 - [　] - [　]

246 - 346 - [　] - 546 - [　]

[　] - [　] - 823 - 843 - 863

[　] - 369 - 569 - 769 - [　]

 이어서 나는 [　　　] 을(를) 공부/연습할거야!!

09 변과 꼭지점

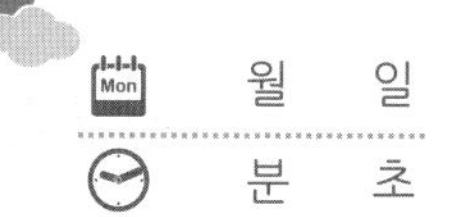

변 : 도형을 이루는 선
꼭지점 : 도형에서 뾰족한 부분

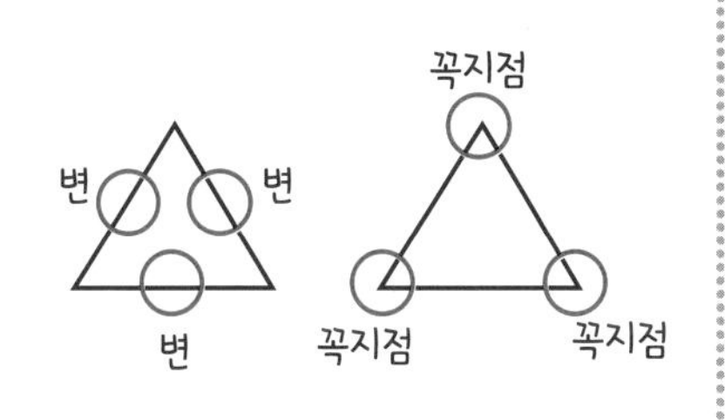

★각형 : 변이 ★개인 도형

도형	삼각형	사각형	오각형
변의 수	3개	4개	5개
꼭지점의 수	3개	4개	5개

아래는 모양의 특징을 이야기 한 것입니다. 빈 칸에 알맞은 수나 글을 적으세요.

01. 도형을 이루는 선을 ☐ 이라고 하고,

도형에서 뾰족한 부분을 ☐ 이라고 합니다.

02. **원**은 **모양**이 모두 똑같이 생겼고, **크기**만 다릅니다.

삼각형은 여러 모양이 있고,

변의 수가 ☐ 개인 도형입니다.

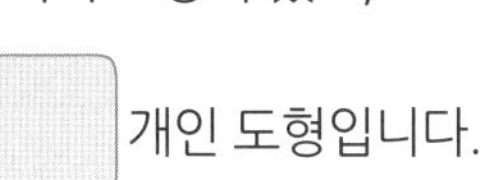

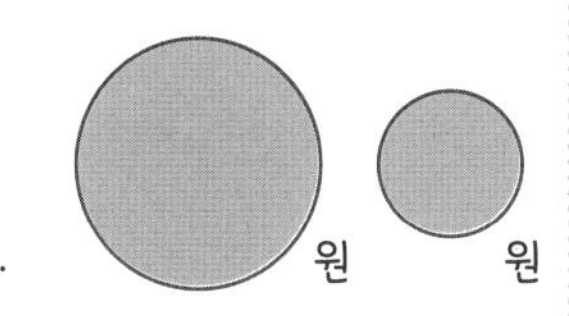

03. **삼각형**은 **변**과 **꼭지점**이 ☐ 개 있고,

사각형은 **변**과 **꼭지점**이 ☐ 개 있고,

오각형은 **변**과 **꼭지점**이 ☐ 개 있고,

육각형은 **변**과 **꼭지점**이 ☐ 개 있고,

모두 곧은 선으로 둘러싸여 있으며, 곧은 선(직선)들이

서로 만납니다.

원은 **변**과 **꼭지점**이 ☐ 개 있고, 굽은 선(둥근 선)

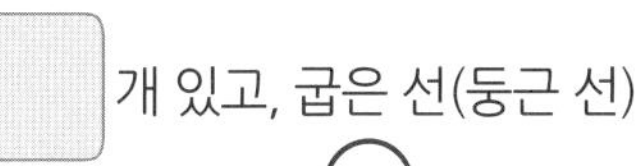

으로 둘러싸여 있습니다.

아래의 모양을 보고, 동그라미는 0, 삼격형은 3, 사격형은 4, 오각형은 5, 육각형은 6라고 적으세요.

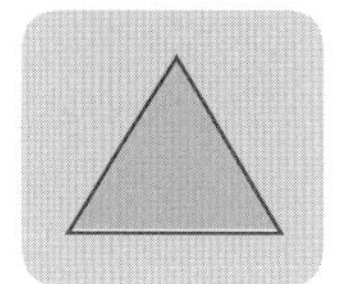

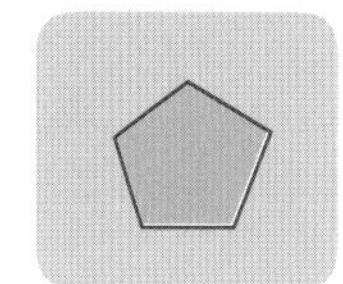

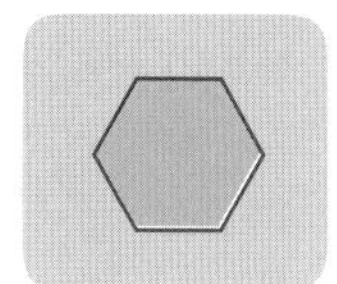

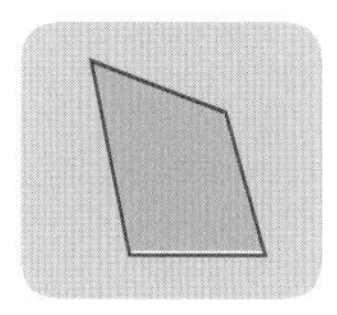
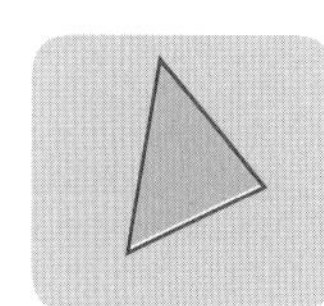
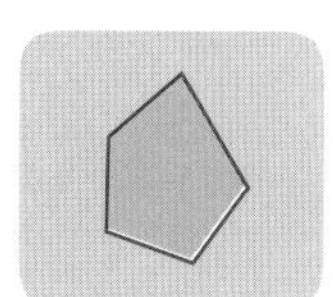

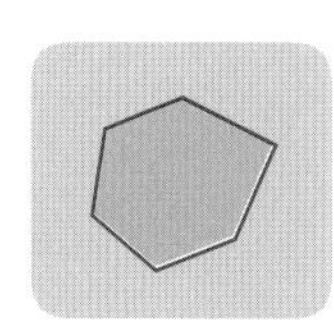

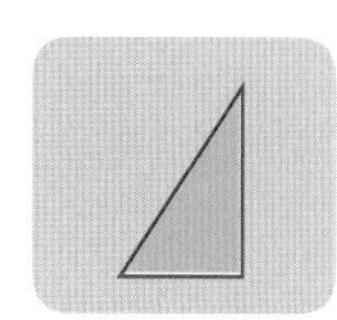

※ 변이 6개면 육각형, 변이 7개면 칠각형입니다.

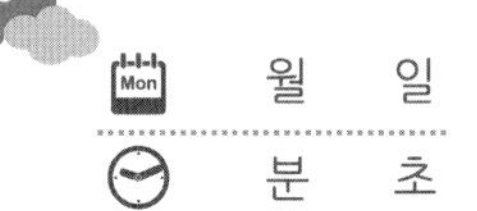

월 일
분 초

아래 문제를 풀어보세요.

01. 그림과 같이 동전을 본을 떠서 그린 도형을 그리고, 그 도형의 이름을 적으세요.

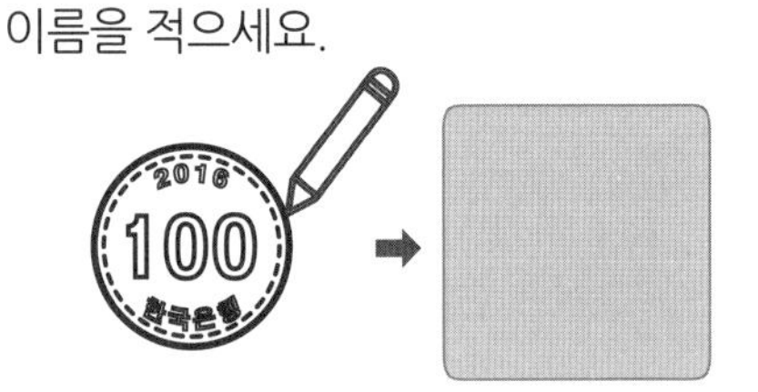

도형이름

(　　　　)

02. ☐ 안에 알맞은 말을 적으세요.

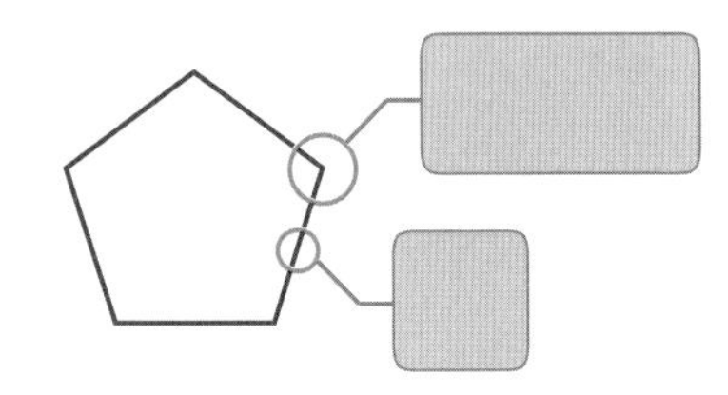

03. **02**번 문제의 도형은 변이 ☐ 개이고, 꼭지점이 ☐ 개이므로 ☐ 각형입니다.

04. 점을 연결해서 주어진 선을 변으로 하는 도형을 각각 그리세요.

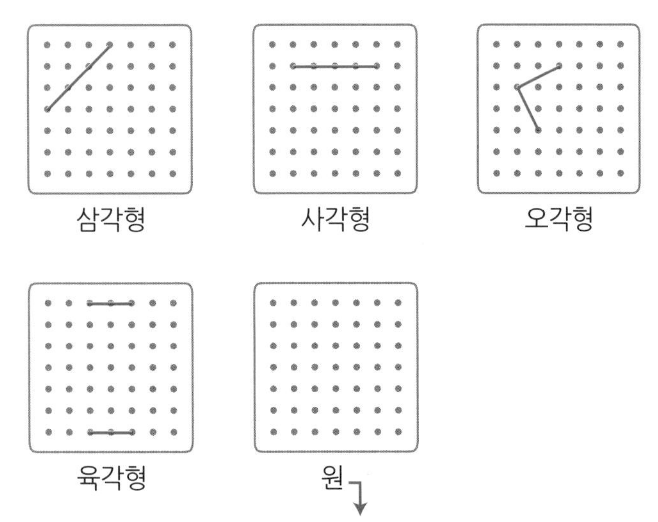

※ 원은 변과 꼭지점이 없으므로 주위의 물건을 이용하여 원을 그려보세요.

소리내 풀기 보기와 같이 원, 삼각형, 사각형, 오각형, 육각형을 사용하여 그림을 그려보세요

보기 반지 　 잠수함

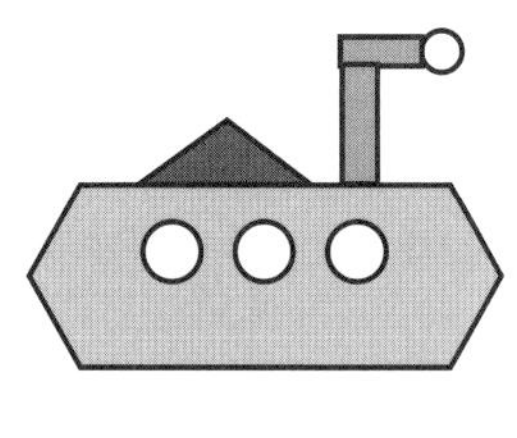

05. 왕관

06. 안경

07. 건물

※ 모든 도형을 다 사용하지 않아도 되지만, 다 그린 다음 어떤 도형이 몇 번 사용되었는지 확인해 봅니다.

확인 (틀린 문제의 수를 적고, 약한 부분을 보충하세요.)

회차	틀린문제수
06 회	문제
07 회	문제
08 회	문제
09 회	문제
10 회	문제

생각해보기

앞에서 배운 5회차 내용이 모두 이해 되었나요?

1. 모두 이해되고 자신있다. → 다음 회로 넘어 갑니다.

2. 2~3문제 틀릴 수는 있겠지만 거의 이해한다.
   → 개념부분을 한번 더 읽고 다음 회로 넘어 갑니다.

3. 잘 모르는 것 같다.
   → 개념부분과 틀린문제를 한번 더 보고 다음 회로 넘어 갑니다.

틀린 문제가 있었다면 왜 틀렸을거라고 생각합니까?

1. 개념 설명이 어려워서 잘 모르겠다. 2. 다 아는데 실수한 것 같다.

3. 빨리 끝내고 싶어서 집중할 수가 없다. 4. 하기 싫어서....

오답노트 (앞에서 틀린 문제나 기억하고 싶은 문제를 적습니다.)

회	번
문제	풀이

회	번
문제	풀이

회	번
문제	풀이

회	번
문제	풀이

회	번
문제	풀이

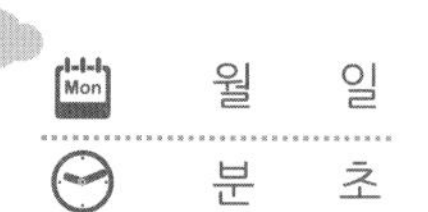
월 일
분 초

9 문제 중 문제 맞았어

소리내 읽기

27 + 8의 계산 (십의 자리에 받아올림 해주기)

앞의 수 27을 20과 7로 갈라 일의 자리를 먼저 더하고, 십의 자리를 더합니다.

27 + 8 — 27은 20 + 7 이므로
15 ① 7+8= — ① 7+8을 계산하고,
② 20+15= 35 — ② 20+15를 계산합니다.

$\boxed{27}+8$
$= \boxed{20+7}+8$ → 27은 20 + 7 이므로
$=$ ① $20+15$ → 8+7을 계산하고,
$=$ ② 35 → 20+15를 계산합니다.

소리내 풀기

위의 방법대로 풀어보세요.

01. 35 + 6 = ☐
① ☐
② ☐

02. 48 + 5 = ☐
① ☐
② ☐

03. 57 + 4 = ☐
① ☐
② ☐

04. 24 + 8
= 20 + ☐ + 8
= 20 + ☐
= ☐

05. 68 + 9
= 60 + ☐ + 9
= ☐ + 17
= ☐

06. 42 + 7
= ☐ + ☐ + 7
= ☐ + ☐
= ☐

07. 58 + 9 = ☐
☐
☐

08. 58 + 9
= 50 + ☐ + 9
= ☐ + ☐
= ☐

09. 86 + 8
= ☐ + ☐ + ☐
= ☐ + ☐
= ☐

※ 16+9 와 같은 계산이 잘 안되면 이것 먼저 공부해야 합니다. (www.obook.kr의 자료실에 있는 계산 엑셀파일을 다운받아 연습하세요.)

 이어서 나는 ☐ 을(를) 공부/연습할거야!!

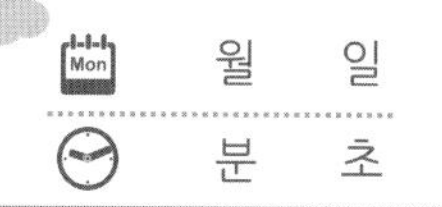

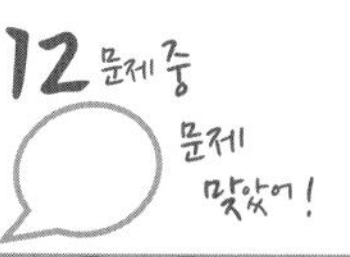

일의 끼리 먼저 더하고, 십의 자리를 더하는 방법으로 아래를 계산해 보세요.

01. 34 + 7 = ☐

① ☐

② ☐

02. 47 + 8 = ☐

① ☐

② ☐

03. 63 + 6

= 60 + ☐ + 6

= 60 + ☐

= ☐

04. 52 + 9

= ☐ + 2 + 9

= ☐ + ☐

= ☐

05. 46 + 8

= ☐ + 6 + ☐

= ☐ + ☐

= ☐

06. 78 + 9

= ☐ + 8 + ☐

= ☐ + ☐

= ☐

07. 85 + 7

= ☐ + ☐ + ☐

= ☐ + ☐

= ☐

08. 57 + 6

= ☐ + ☐ + ☐

= ☐ + ☐

= ☐

09. 64 + 9

=

=

= ☐

10. 75 + 7

=

=

= ☐

11. 83 + 8

=

=

= ☐

12. 48 + 4

=

=

= ☐

월 일
분 초

9 + 24의 계산 (십의 자리에 받아올림 해주기)

뒤의 수 24를 4와 20(20과 4)로 갈라 일의 자리를 먼저 더하고, 십의 자리를 더합니다.

9 + 24 — 24는 20 + 4이므로

① 9+4= 13 — ① 9+4를 계산하고,

② 13+20= 33 — ② 13+20을 계산합니다.

9+24
= 9+4+20 → 24는 20 + 4 (4+20) 이므로
=① 13+20 → 9+4를 계산하고,
=② 33 → 13+20를 계산합니다.

아래 문제의 빈 칸에 알맞은 수를 적으세요.

01. 7 + 38 = □
①
②

02. 5 + 26 = □
①
②

03. 6 + 47 = □
①
②

04. 4 + 46
= 4 + □ + 40
= □ + 40
= □

05. 9 + 34
= 9 + □ + 30
= □ + 30
= □

06. 8 + 56
= 8 + 6 + □
= □ + 50
= □

07. 5 + 69 = □

08. 5 + 69
= 5 + 9 + □
= □ + □
= □

09. 7+ 78
= □ + □ + □
= □ + □
= □

※ 덧셈만 있는 식은 순서를 바꿔서 더해도 되므로 8+50+6에서 8+6을 먼저 더하고 중간의 50을 더하는 것이 쉽게 계산할 수 있습니다.

 이어서 나는 □ 을(를) 공부/연습할거야!!

일의 자리 끼리 먼저 더하고, 십의 자리를 더하는 방법으로 아래를 계산해 보세요.

01. $8 + 26 =$ ☐
① ☐
② ☐

02. $6 + 35 =$ ☐
① ☐
② ☐

03. $5 + 67$
$= 5 + 7 +$ ☐
$=$ ☐ $+ 60$
$=$ ☐

04. $9 + 53$
$= 9 + 3 +$ ☐
$=$ ☐ $+ 50$
$=$ ☐

05. $5 + 46$
$=$ ☐ $+ 6 +$ ☐
$=$ ☐ $+$ ☐
$=$ ☐

06. $9 + 25$
$=$ ☐ $+ 5 +$ ☐
$=$ ☐ $+$ ☐
$=$ ☐

07. $8 + 54$
$=$ ☐ $+$ ☐ $+$ ☐
$=$ ☐ $+$ ☐
$=$ ☐

08. $7 + 43$
$=$ ☐ $+$ ☐ $+$ ☐
$=$ ☐ $+$ ☐
$=$ ☐

09. $6 + 75$
$=$
$=$
$=$ ☐

10. $4 + 69$
$=$
$=$
$=$ ☐

11. $7 + 46$
$=$
$=$
$=$ ☐

12. $8 + 88$
$=$
$=$
$=$ ☐

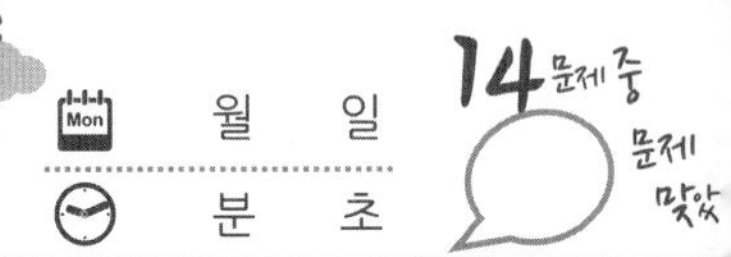

아래 문제를 풀어보세요.

01. $35 + 6 = \square$
①
②

02. $48 + 5 = \square$
①
②

03. $57 + 4 = \square$
①
②

04. $9 + 87 = \square$
①
②

05. $6 + 68 = \square$
①
②

06. $46 + 5$
$= 40 + \square + 5$
$= \square + \square$
$= \square$

07. $67 + 8$
$= \square + \square + 8$
$= \square + \square$
$= \square$

08. $6 + 35$
$= 6 + \square + \square$
$= \square + \square$
$= \square$

09. $9 + 87$
$= 9 + \square + \square$
$= \square + \square$
$= \square$

10. $25 + 6 = \square$

11. $54 + 8 = \square$

12. $46 + 9 = \square$

13. $7 + 37 = \square$

14. $5 + 68 = \square$

 이어서 나는 [ ] 을(를) 공부/연습할거야!!

확인 (틀린 문제의 수를 적고, 약한 부분을 보충하세요.)

회차	틀린문제수
11 회	문제
12 회	문제
13 회	문제
14 회	문제
15 회	문제

생각해보기

앞에서 배운 5회차 내용이 모두 이해 되었나요?

1. 모두 이해되고 자신있다. → 다음 회로 넘어 갑니다.

2. 2~3문제 틀릴 수는 있겠지만 거의 이해한다.
   → 개념부분을 한번 더 읽고 다음 회로 넘어 갑니다.

3. 잘 모르는 것 같다.
   → 개념부분과 틀린문제를 한번 더 보고 다음 회로 넘어 갑니다.

틀린 문제가 있었다면 왜 틀렸을거라고 생각합니까?

1. 개념 설명이 어려워서 잘 모르겠다. 2. 다 아는데 실수한 것 같다.

3. 빨리 끝내고 싶어서 집중할 수가 없다. 4. 하기 싫어서....

오답노트 (앞에서 틀린 문제나 기억하고 싶은 문제를 적습니다.)

회 번	
문제	풀이

회 번	
문제	풀이

회 번	
문제	풀이

회 번	
문제	풀이

회 번	
문제	풀이

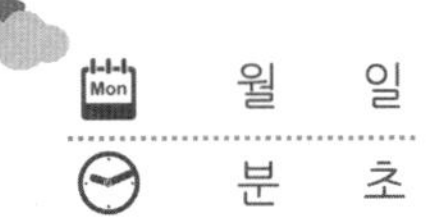

19 + 4 의 계산

① 19 + 4를 아래와 같이 적습니다.

	1	9
+		4

② 1의 자리 끼리 더해서 1의 자리에 적습니다.

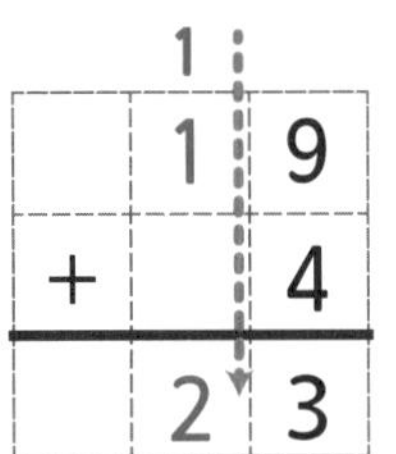

일의 자리 합이 10이 넘으면 십의 자리에 받아올림 해줍니다.

③ 받아올림한 수와 십의 자리 수를 더합니다.

	1	
	1	9
+		4
	2	3

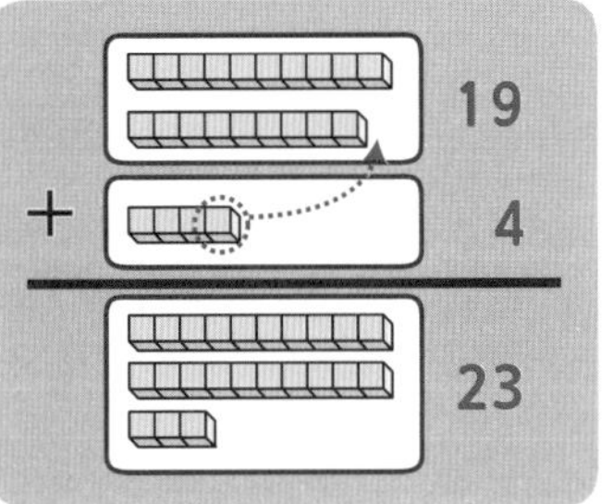

낱개의 합이 10이 넘으면 십의 자리로 받아올림 해줍니다.

식을 밑으로 적어서 계산하고, 값을 적으세요.

01. 18 + 5 =

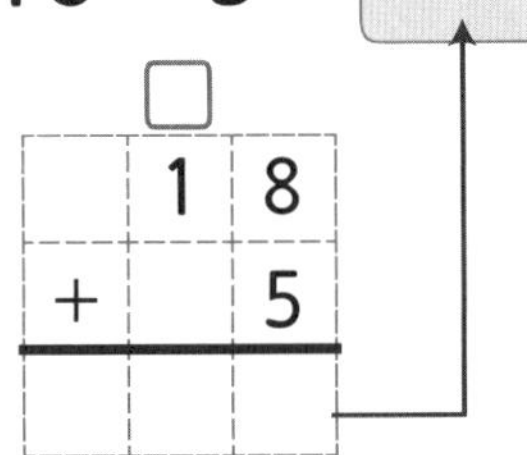

	1	8
+		5

02. 9 + 28 =

		9
+	2	8

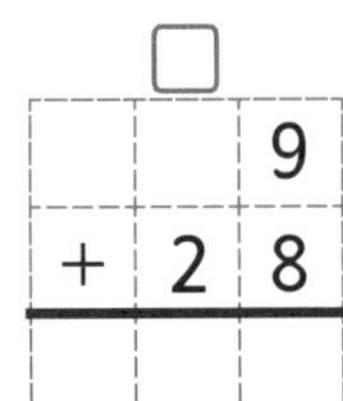

03. 39 + 7 =

	3	9
+		7

04. 46 + 4 =

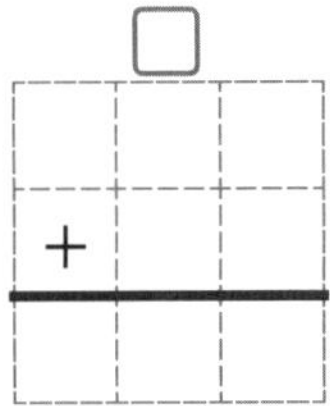

05. 55 + 6 =

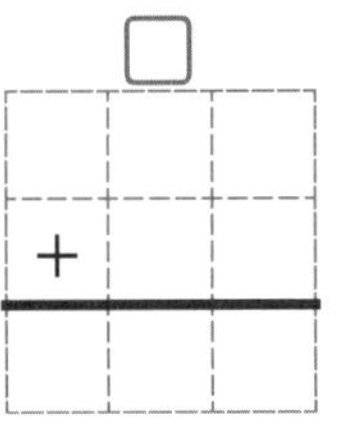

06. 8 + 68 =

07. 7 + 56 =

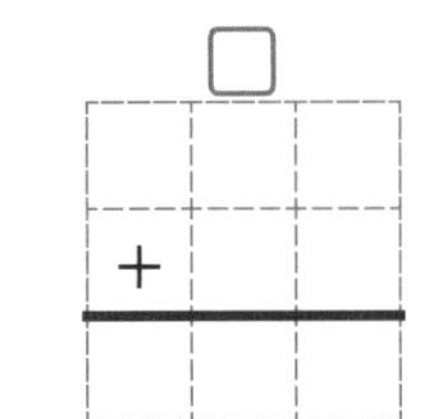

08. 9 + 73 =

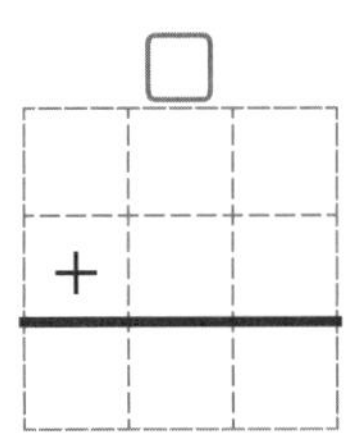

09. 6 + 89 =

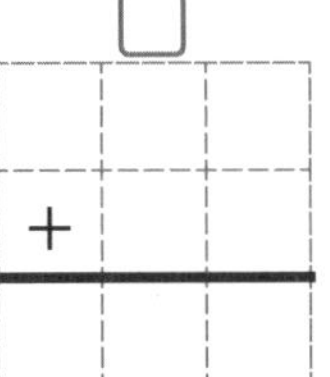

※ 값을 적을때 빈 네모 안에 들어갈 수 있도록 정성들여 적도록 노력합니다.

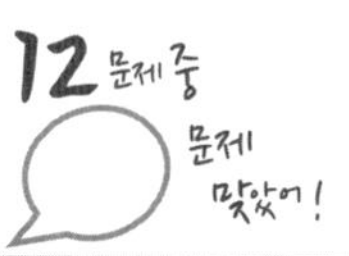

아래로 푸는 방법으로 풀고, 문제의 값을 적으세요.

01. $17 + 7 =$ ☐

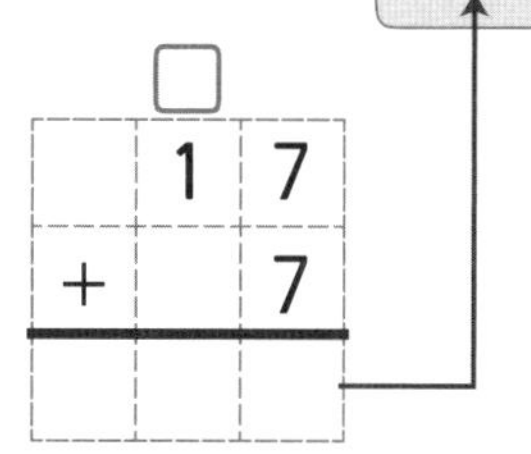

02. $8 + 34 =$ ☐

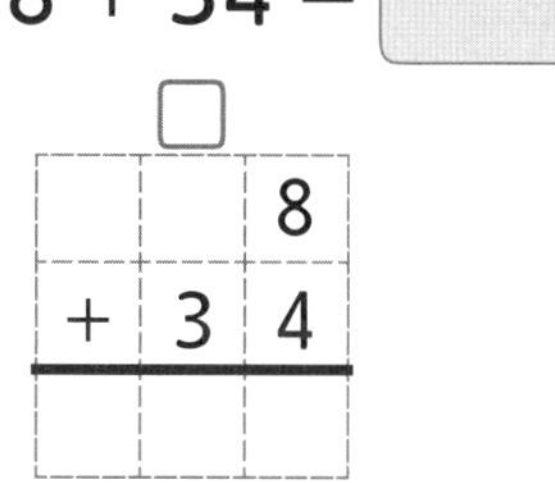

03. $59 + 9 =$ ☐

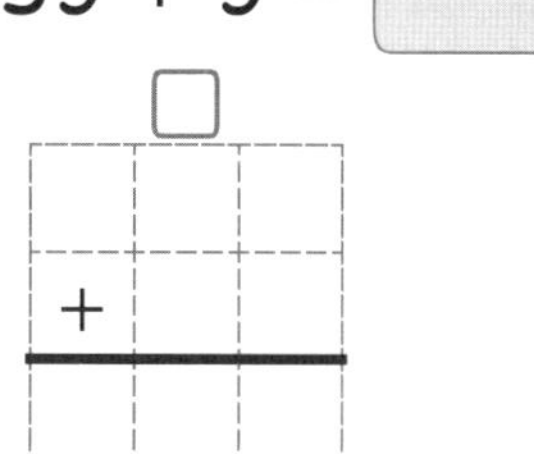

04. $46 + 8 =$ ☐

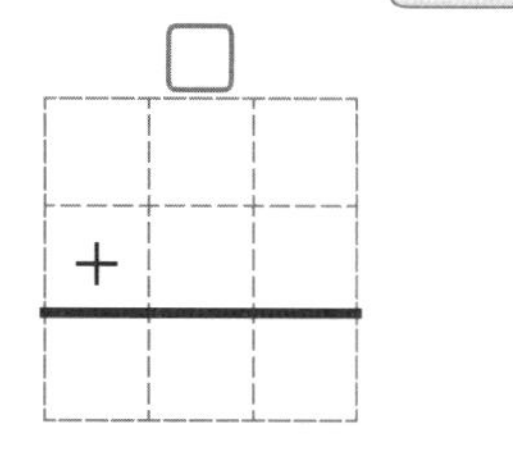

05. $7 + 48 =$ ☐

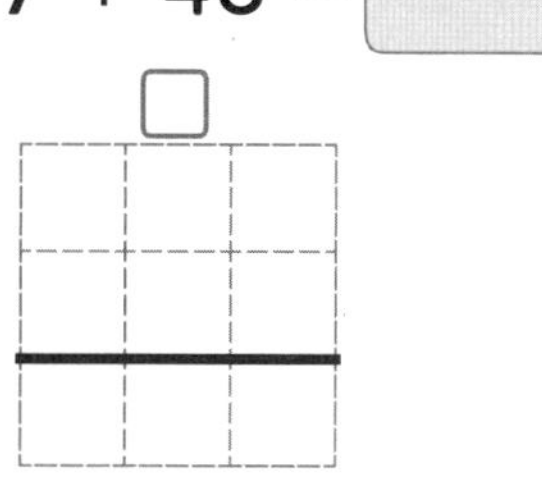

06. $9 + 36 =$ ☐

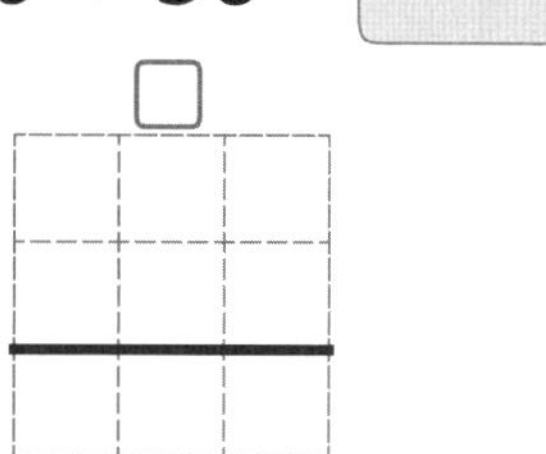

07. $8 + 54 =$ ☐

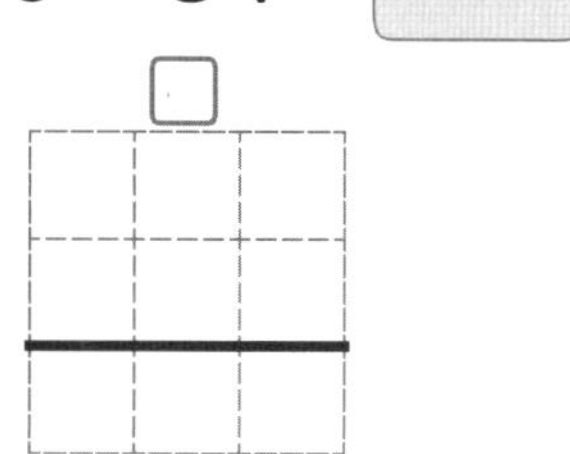

08. $6 + 25 =$ ☐

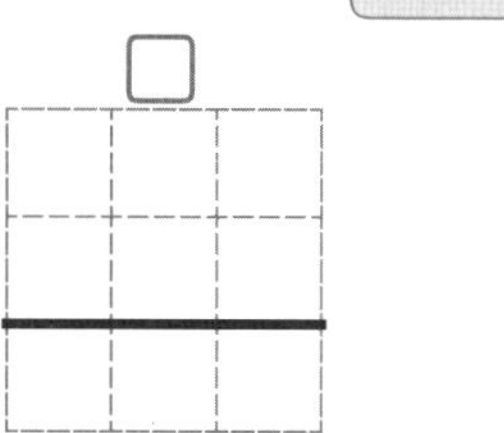

09. $53 + 8 =$ ☐

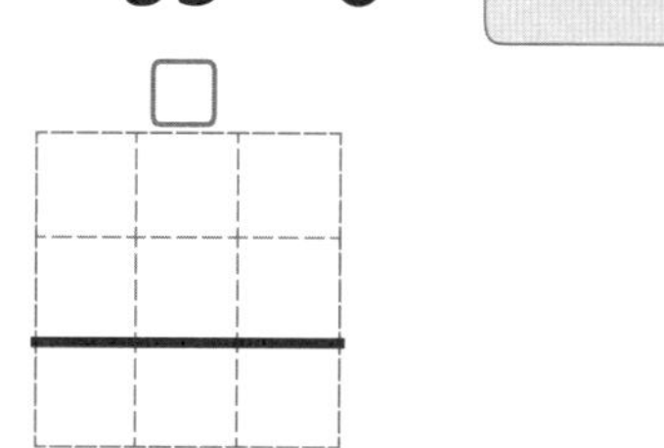

10. $69 + 6 =$ ☐

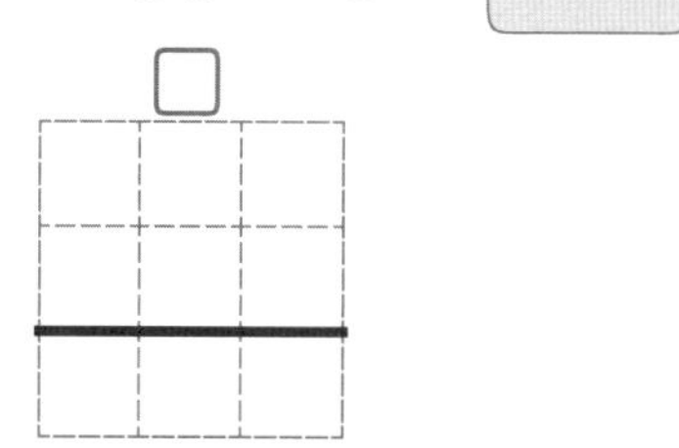

11. $7 + 48 =$ ☐

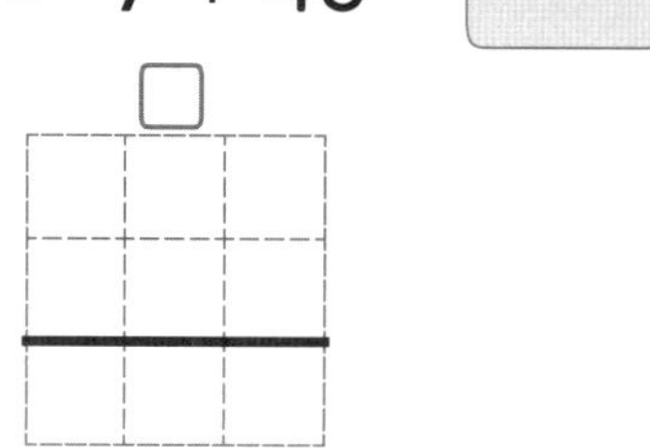

12. $9 + 36 =$ ☐

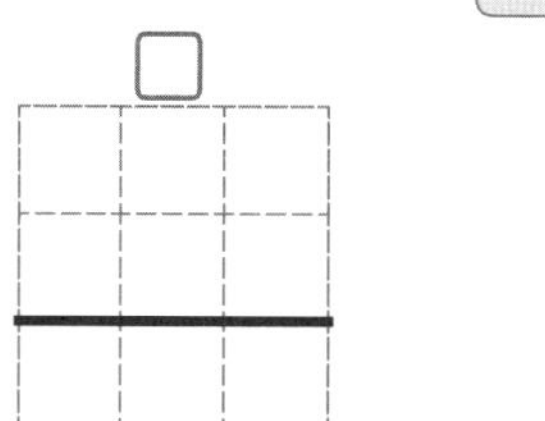

이어서 나는 ☐ 을(를) 공부/연습할거야!!

월 일
분 초

아래로 푸는 방법으로 풀고, 문제의 값을 적으세요.

01. 38 + 7 = ☐

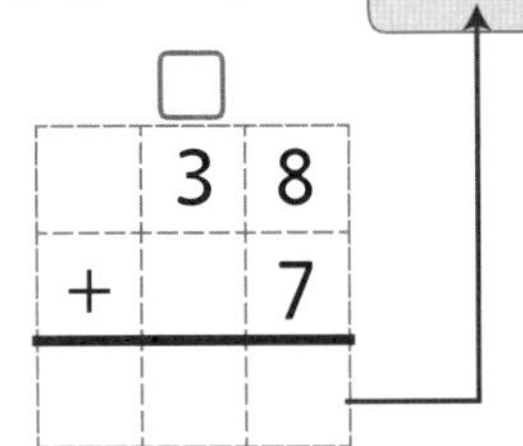

02. 9 + 26 = ☐

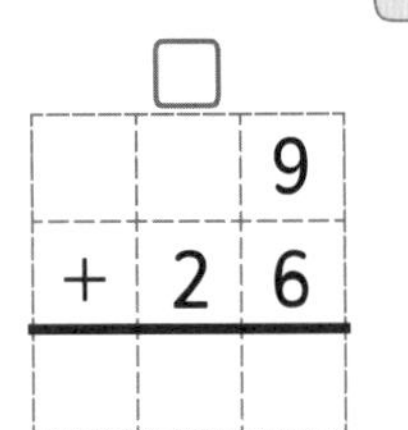

03. 76 + 8 = ☐

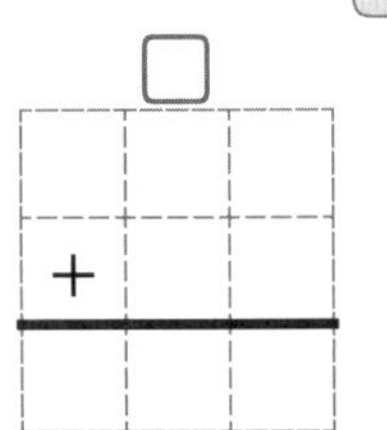

04. 48 + 5 = ☐

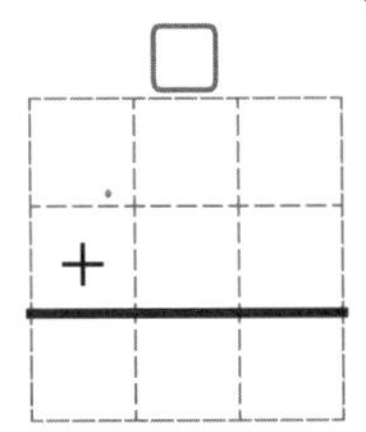

05. 7 + 84 = ☐

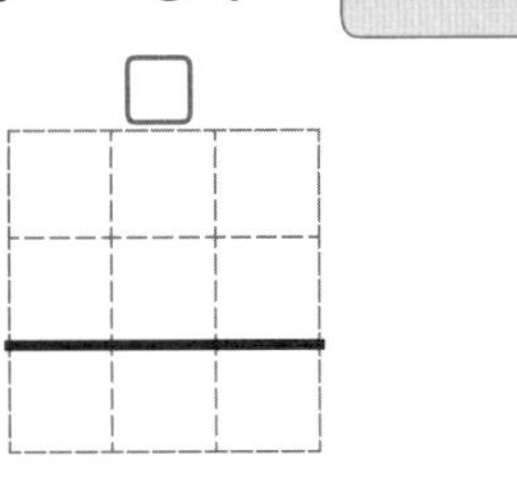

06. 9 + 35 = ☐

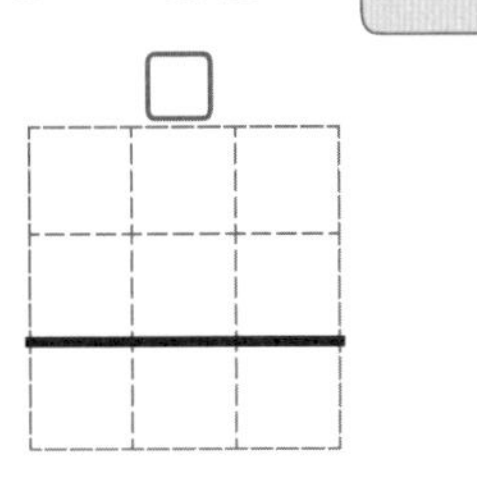

07. 6 + 57 = ☐

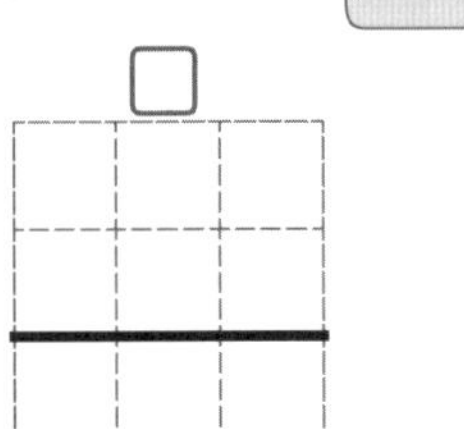

08. 8 + 42 = ☐

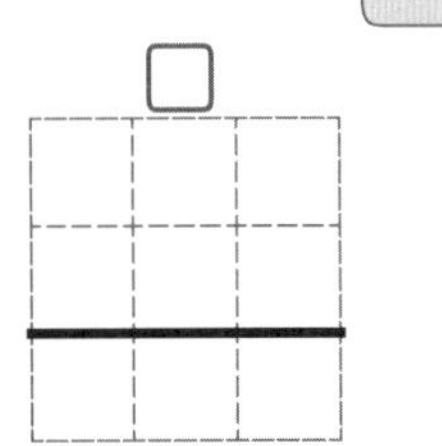

09. 55 + 6 = ☐

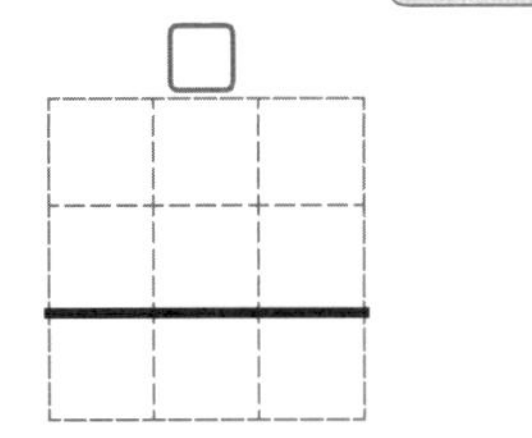

10. 69 + 5 = ☐

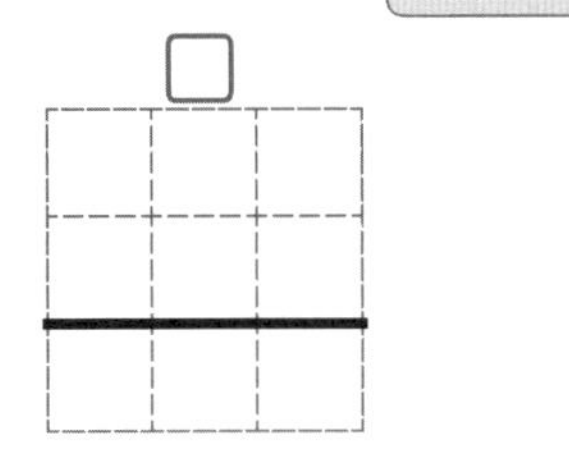

11. 8 + 48 = ☐

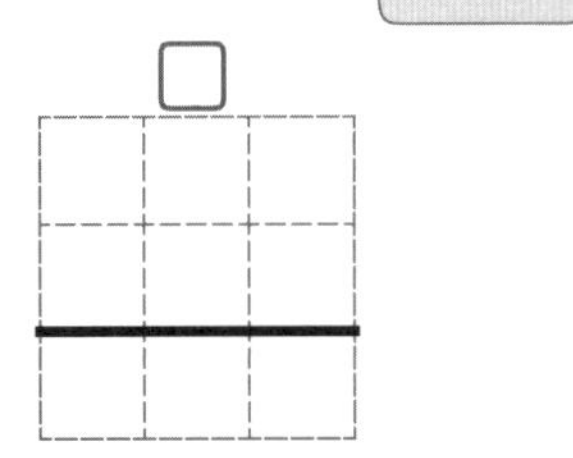

12. 7 + 36 = ☐

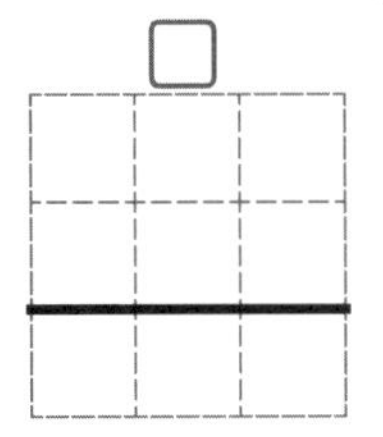

 이어서 나는 ☐ 을(를) 공부/연습할거야!!

19 두 자리수와 한 자리수의 덧셈 (연습)

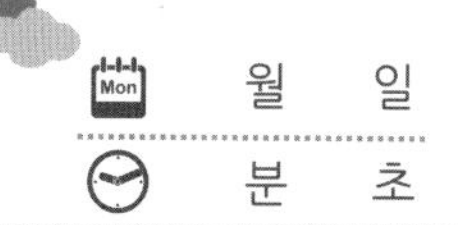

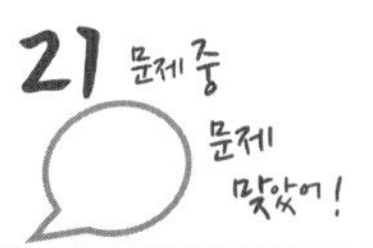

아래 식을 계산하여 값을 적으세요.

01. $16 + 5 = \square$

02. $24 + 9 = \square$

03. $45 + 8 = \square$

04. $37 + 7 = \square$

05. $56 + 5 = \square$

06. $28 + 6 = \square$

07. $49 + 4 = \square$

08. $34 + 8 = \square$

09. $53 + 7 = \square$

10. $41 + 9 = \square$

11. $65 + 6 = \square$

12. $37 + 5 = \square$

13. $56 + 8 = \square$

14. $64 + 7 = \square$

15. $76 + 7 = \square$

16. $63 + 9 = \square$

17. $85 + 5 = \square$

18. $57 + 6 = \square$

19. $74 + 8 = \square$

20. $69 + 7 = \square$

21. $58 + 4 = \square$

20 두자리수의 덧셈 (생각문제1)

월 일
분 초

문제) 우리집에 동화책이 **58**권 있습니다. 오늘 서점에서 **5**권을 더 샀다면, 이제 동화책은 몇 권일까요?

풀이) 있던 동화책 = 58 새로 산 동화책 = 5

전체 동화책 = 있던 동화책 + 산 동화책 이므로

식은 58+5 이고 값은 63 권 입니다.

따라서 동화책은 모두 63권 입니다.

식) 58+5 답) 63권

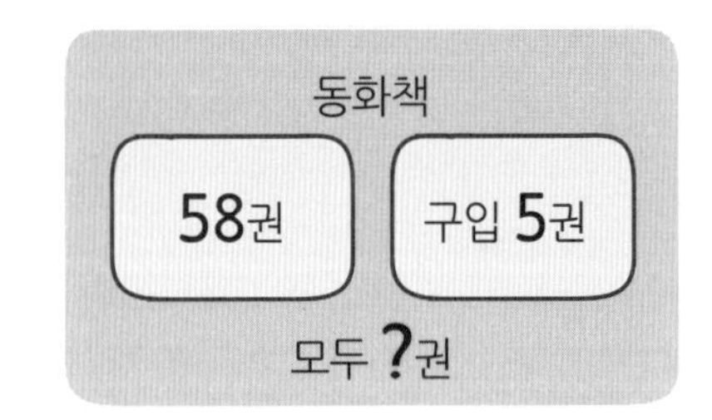

아래의 문제를 풀어보세요.

01. **47**명이 버스에 타고 있었습니다. 이번 정류소에서 **8**명이 타고 아무도 안내린다면, 몇 명이 타고 있을까요?

풀이) 타고 있는 사람 수 = ☐ 명

더 탄 사람 수 = ☐ 명

전체 사람 수 = 타고있는 사람 수 ☐ 더 탄 사람 수

이므로 식은 ☐ 이고

답은 ☐ 명 입니다.

식) ______ 답) ☐ 명

02. 민체는 색종이 **7**장을 사왔습니다. 그런데 엄마가 서랍에 색종이 **34**장이 있다고 했습니다. 이제 몇 장이 있을까요?

풀이) 사온 색종이 수 = ☐ 장

서랍에 있던 색종이 수 = ☐ 장

전체 색종이 수 = 사온 색종이 수 ☐ 있던 색종이 수

이므로 식은 ☐ 이고

답은 ☐ 장 입니다.

식) ______ 답) ☐ 장

↱ 몇 장인지 물으면 꼭 몇 장라고 답해야 합니다.

03. 윤희가 **26**개, 동생은 **9**개의 종이학을 만들어 부모님께 드렸습니다. 모두 몇 개를 드렸을까요?

풀이) (식 2점 답 1점)

식) ______ 답) ☐ 개

내가 문제를 만들어 풀어 봅니다. (두자리수 + 한자리수)

04.

풀이) (문제 2점 식 2점 답 1점)

식) ______ 답) ______

이어서 나는 ☐ 을(를) 공부/연습할거야!!

확인 (틀린 문제의 수를 적고, 약한 부분을 보충하세요.)

회차	틀린문제수
16 회	문제
17 회	문제
18 회	문제
19 회	문제
20 회	문제

생각해보기

앞에서 배운 5회차 내용이 모두 이해 되었나요?

1. 모두 이해되고 자신있다. → 다음 회로 넘어 갑니다.

2. 2~3문제 틀릴 수는 있겠지만 거의 이해한다.
   → 개념부분을 한번 더 읽고 다음 회로 넘어 갑니다.

3. 잘 모르는 것 같다.
   → 개념부분과 틀린문제를 한번 더 보고 다음 회로 넘어 갑니다.

틀린 문제가 있었다면 왜 틀렸을거라고 생각합니까?

1. 개념 설명이 어려워서 잘 모르겠다. 2. 다 아는데 실수한 것 같다.

3. 빨리 끝내고 싶어서 집중할 수가 없다. 4. 하기 싫어서....

오답노트 (앞에서 틀린 문제나 기억하고 싶은 문제를 적습니다.)

회 번

문제	풀이

회 번

문제	풀이

회 번

문제	풀이

회 번

문제	풀이

회 번

문제	풀이

17 + 28의 계산 ① (일의 자리부터 더하고, 십의 자리 더하기)

뒤의 수 28을 8과 20으로 갈라 일의 자리부터 더하고, 십의 자리를 더합니다.

1 7 + 2 8 — 28은 8 + 20 이므로

① 17+8= 25 — ① 17+ 8을 계산하고,

② 25+20= 45 — ② 25+20을 계산합니다.

17+28
= 17+8+20 → 28은 8 + 20 이므로
=① 25+20 → 17+ 8을 계산하고,
=② 45 → 25+20을 계산합니다.

위와 같은 방법으로 아래 문제를 풀어보세요.

01. 35 + 16 = ☐
①☐
②☐

02. 14 + 28 = ☐
☐
☐

03. 26 + 37 = ☐
☐
☐

04. 28 + 16
= 28 + 6 + ☐
= ☐ + ☐
= ☐

05. 49 + 37
= 49 + ☐ + 30
= ☐ + ☐
= ☐

06. 37 + 25
= ☐ + ☐ + 20
= ☐ + ☐
= ☐

07. 46 + 18 = ☐
①☐
②☐

08. 46 + 18
= ☐ + ☐ + 10
= ☐ + 10 = ☐

09. 58 + 36 = ☐
☐
☐

10. 58 + 36
= ☐ + ☐ + 30
= ☐ + 30 = ☐

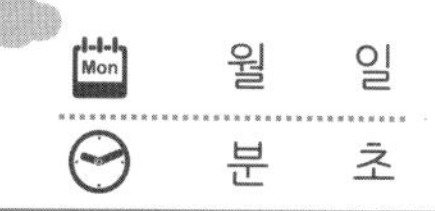

일의 자리를 먼저 더하고, 십의 자리를 더하는 방법으로 아래를 계산해 보세요.

01. 24 + 17 = ☐
① ☐
② ☐

02. 45 + 36 = ☐
① ☐
② ☐

03. 13 + 58
= 13 + 8 + ☐
= ☐ + ☐
= ☐

04. 26 + 29
= 26 + ☐ + 20
= ☐ + ☐
= ☐

05. 17 + 46
= ☐ + ☐ + 40
= ☐ + ☐
= ☐

06. 29 + 14
= ☐ + ☐ + 10
= ☐ + ☐
= ☐

07. 48 + 35
= ☐ + ☐ + 30
= ☐ + ☐
= ☐

08. 53 + 27
= ☐ + ☐ + 20
= ☐ + ☐
= ☐

09. 52 + 19
=
=
= ☐

10. 27 + 45
=
=
= ☐

11. 19 + 36
=
=
= ☐

12. 36 + 28
=
=
= ☐

이어서 나는 ☐ 을(를) 공부/연습할거야!!

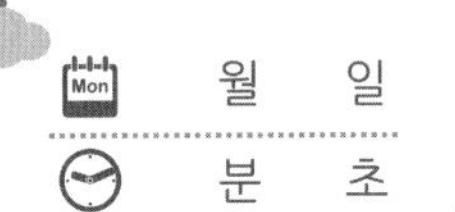

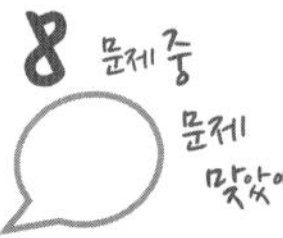

17 + 28의 계산 ② (각자의 자리끼리 더하기)

십의 자리 **끼리** 더하고, **일**의 자리 수**끼리** 더합니다.

17 + 28 — 17 = 10 + 7, 28 = 20 + 8 이므로

①30 ②15 — ① 10+20과 ② 7+8을 계산해서

③45 — ③ 30+15를 계산합니다.

$17+28$

$= 10+7+20+8$ → 17 = 10 + 7, 28 = 20 + 8 이므로

$= ①30 + ②15$ → ① 10+20과 ② 7+8을 계산해서

$= ③45$ → ③ 30+15를 계산합니다.

십의 자리끼리 더하고, 일의 자리끼리 더하는 방법으로 계산해서 값을 구하세요.

01. 24 + 59 = ☐

① ☐ ② ☐

③ ☐

02. 24 + 59

= ☐ + 4 + ☐ + 9

= ☐ + 13 = ☐

03. 35 + 47 = ☐

① ☐ ② ☐

③ ☐

04. 35 + 47

= 30 + ☐ + 40 + ☐

= 70 + ☐ = ☐

05. 48 + 36 = ☐

① ☐ ② ☐

③ ☐

06. 67 + 25 = ☐

① ☐ ② ☐

③ ☐

07. 54 + 37

= ☐ + 4 + ☐ + 7

= ☐ + ☐ = ☐

08. 39 + 58

= ☐ + ☐ + ☐ + ☐

= ☐ + ☐ = ☐

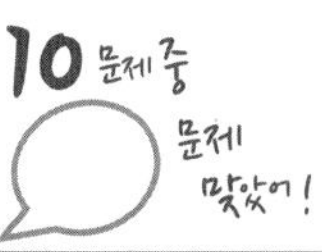

그리내 풀기 십의 자리는 십의 자리끼리, 일의 자리는 일의 자리끼리 더하는 방법으로 계산해 보세요.

01. $32 + 49 =$ ☐

① ☐ ② ☐

③ ☐

02. $18 + 27 =$ ☐

① ☐ ② ☐

③ ☐

03. $25 + 38$

$= 20 +$ ☐ $+ 30 +$ ☐

$= 50 +$ ☐ $=$ ☐

04. $57 + 16$

$=$ ☐ $+ 7 +$ ☐ $+ 6$

$=$ ☐ $+ 13 =$ ☐

05. $43 + 27$

$=$ ☐ $+$ ☐ $+$ ☐ $+$ ☐

$=$ ☐ $+$ ☐ $=$ ☐

06. $27 + 58$

$=$ ☐ $+$ ☐ $+$ ☐ $+$ ☐

$=$ ☐ $+$ ☐ $=$ ☐

07. $46 + 16$

$=$ ☐ $+$ ☐ $+$ ☐ $+$ ☐

$=$ ☐ $+$ ☐ $=$ ☐

08. $15 + 37$

$=$

$=$ $=$ ☐

09. $38 + 45$

$=$

$=$ $=$ ☐

10. $54 + 29$

$=$

$=$ $=$ ☐

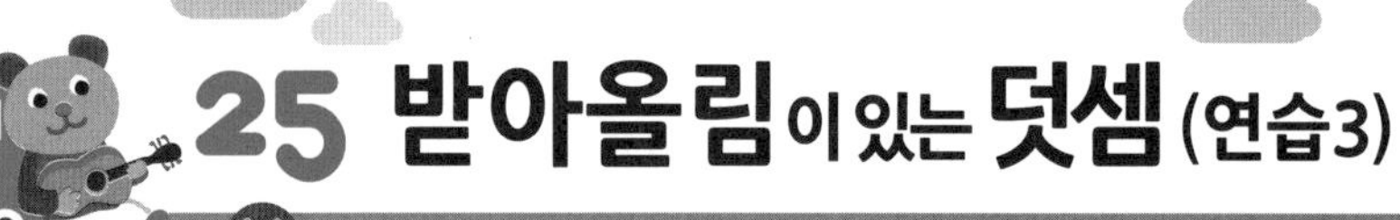

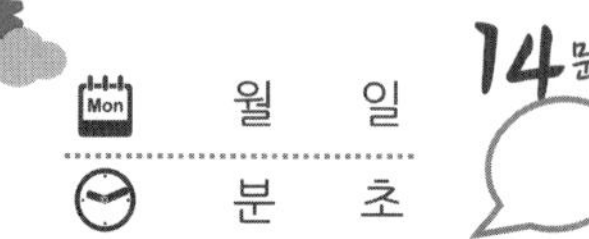

아래 문제를 풀어보세요.

01. $26 + 37 = \square$

① $\square$

② $\square$

02. $59 + 16 = \square$

① $\square$

② $\square$

03. $38 + 45 = \square$

① $\square$

② $\square$

04. $17 + 68 = \square$

① $\square$ ② $\square$

③ $\square$

05. $25 + 49 = \square$

① $\square$ ② $\square$

③ $\square$

06. $49 + 34$

$= 49 + \square + 30$

$= \square + 30$

$= \square$

07. $56 + 28$

$= 56 + \square + 20$

$= \square + \square$

$= \square$

08. $32 + 49$

$= 30 + \square +$

$40 + \square$

$= \square + 11$

$= \square$

09. $28 + 57$

$= \square + 8 +$

$\square + 7$

$= 70 + \square$

$= \square$

내가 편한 방법으로 풀어봅니다.

10. $25 + 47 = \square$

11. $54 + 36 = \square$

12. $36 + 28 = \square$

13. $47 + 39 = \square$

14. $68 + 15 = \square$

 이어서 나는 ______ 을(를) 공부/연습할거야!!

확인 (틀린 문제의 수를 적고, 약한 부분을 보충하세요.)

회차	틀린문제수
21 회	문제
22 회	문제
23 회	문제
24 회	문제
25 회	문제

생각해보기

앞에서 배운 5회차 내용이 모두 이해 되었나요?

1. 모두 이해되고 자신있다. → 다음 회로 넘어 갑니다.

2. 2~3문제 틀릴 수는 있겠지만 거의 이해한다.
→ 개념부분을 한번 더 읽고 다음 회로 넘어 갑니다.

3. 잘 모르는 것 같다.
→ 개념부분과 틀린문제를 한번 더 보고 다음 회로 넘어 갑니다.

틀린 문제가 있었다면 왜 틀렸을거라고 생각합니까?

1. 개념 설명이 어려워서 잘 모르겠다. 2. 다 아는데 실수한 것 같다.

3. 빨리 끝내고 싶어서 집중할 수가 없다. 4. 하기 싫어서....

오답노트 (앞에서 틀린 문제나 기억하고 싶은 문제를 적습니다.)

회 번	
문제	풀이

회 번	
문제	풀이

회 번	
문제	풀이

회 번	
문제	풀이

회 번	
문제	풀이

월 일 / 분 초

9 문제 중 문제 맞았

19 + 24 의 계산

① 19 + 24를 아래와 같이 적습니다. ② 1의 자리 끼리 더해서 1의 자리에 적습니다. ③ 받아올림한 수와 십의 자리 수를 더합니다.

	1	9
+	2	4

1 ← 받아올림한 수

	1	9
+	2	4
		3

일의 자리 합이 10이 넘으면 십의 자리에 받아올림 해줍니다.

	1	
	1	9
+	2	4
	4	3

1+1+2

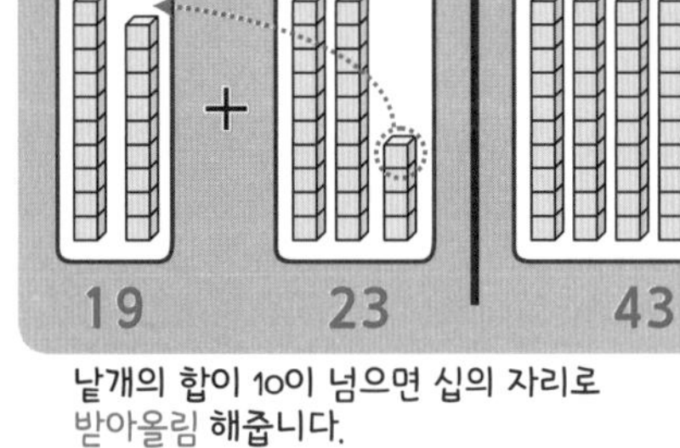

낱개의 합이 10이 넘으면 십의 자리로 받아올림 해줍니다.

식을 밑으로 적어서 계산하고, 값을 적으세요.

01. 18 + 26 = ☐

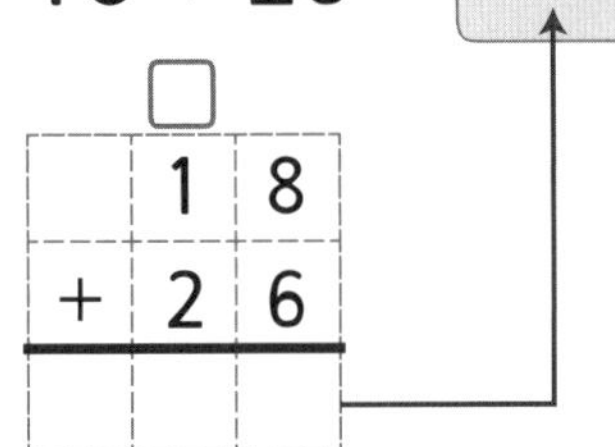

04. 45 + 18 = ☐

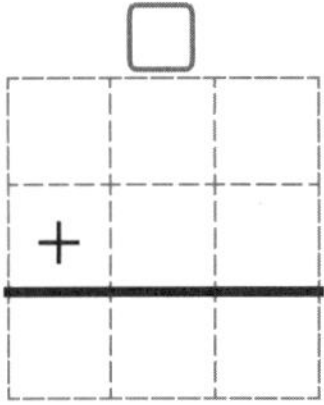

07. 37 + 43 = ☐

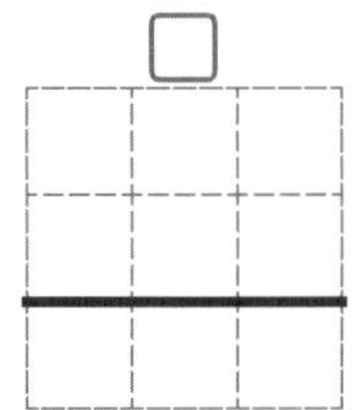

02. 29 + 25 = ☐

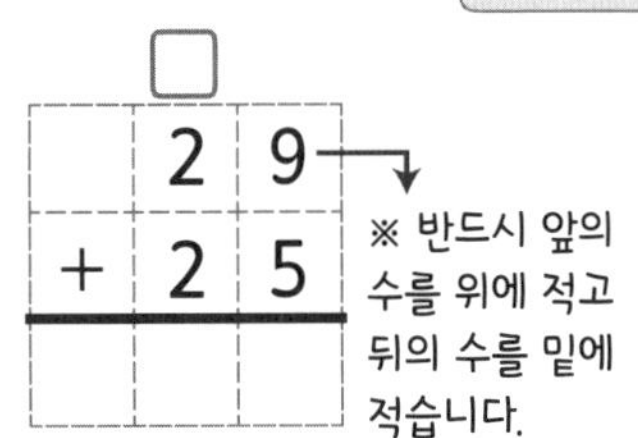

05. 36 + 24 = ☐

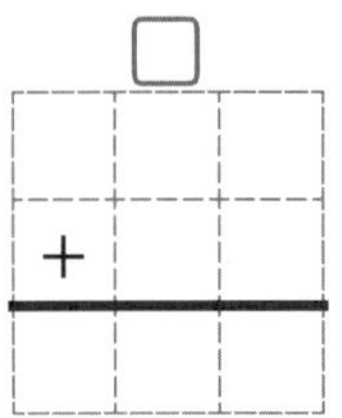

08. 19 + 72 = ☐

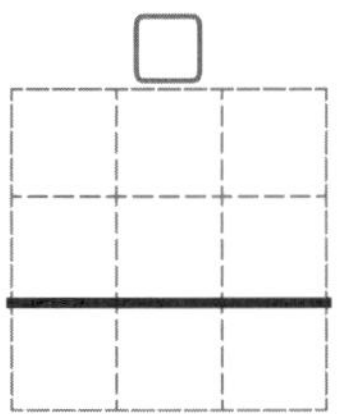

03. 37 + 45 = ☐

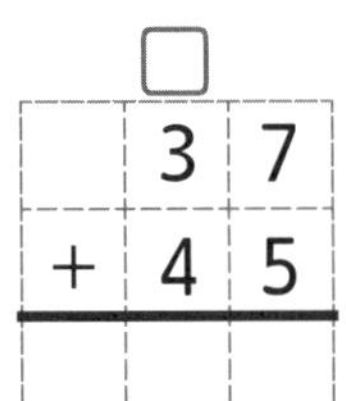

06. 59 + 36 = ☐

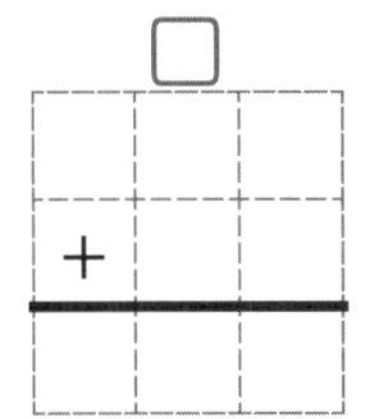

09. 44 + 39 = ☐

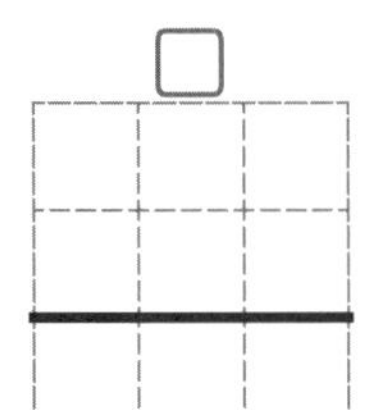

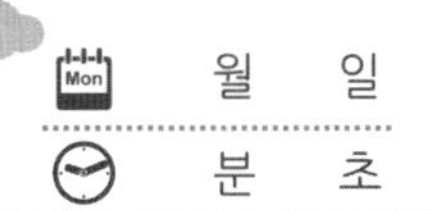

이어서 나는 ☐ 을(를) 공부/연습할거야!!

27 두 자리수의 밑으로 덧셈 (연습1)

월 일
분 초

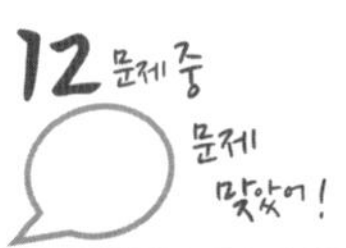

12 문제 중 문제 맞았어!

세로셈의 방법을 사용하여 아래 식의 값을 구하세요.

01. 18 + 45 =

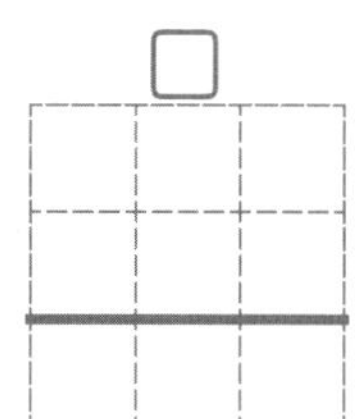

02. 27 + 46 =

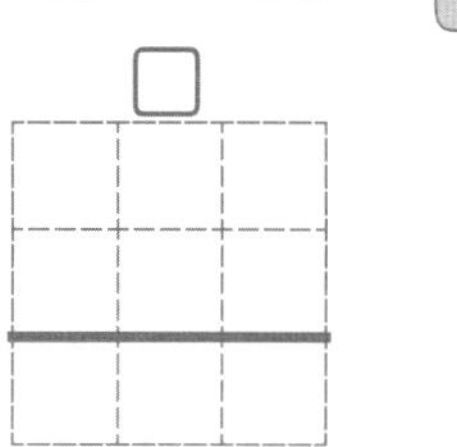

03. 56 + 34 =

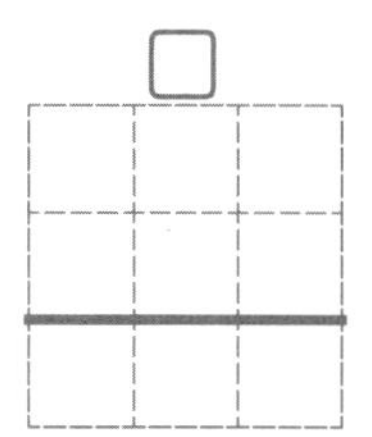

04. 29 + 27 =

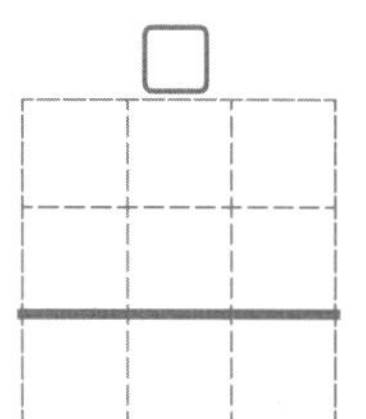

05. 46 + 54 =

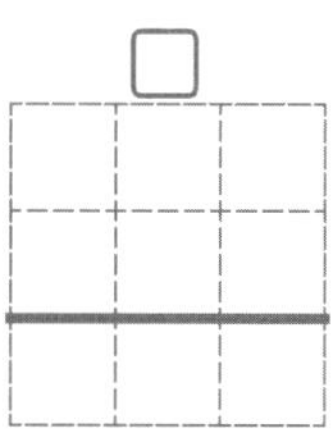

06. 15 + 46 =

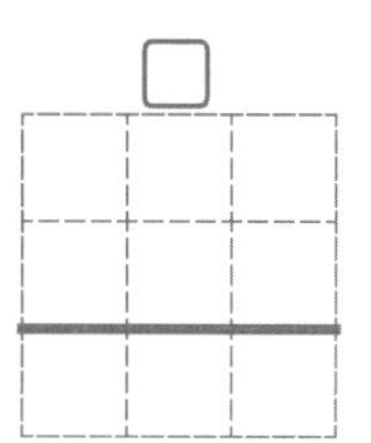

07. 38 + 28 =

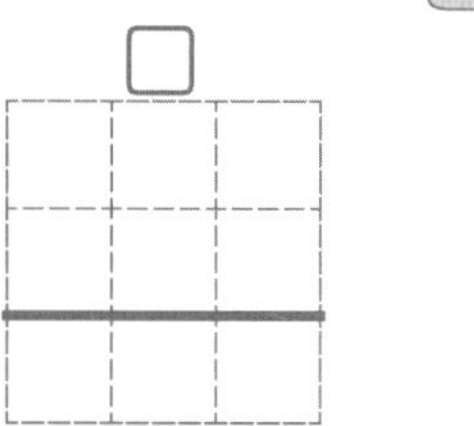

08. 49 + 37 =

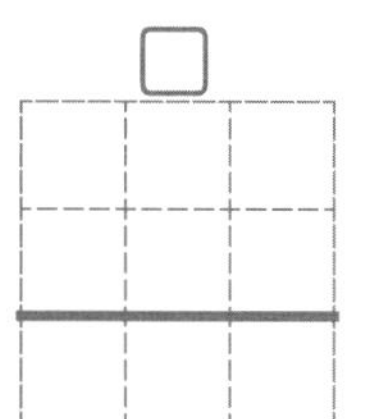

09. 17 + 34 =

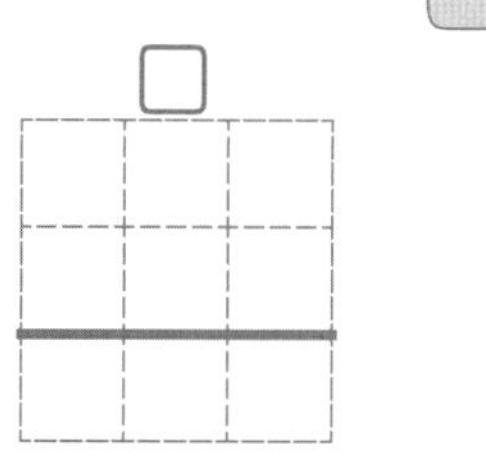

10. 29 + 48 =

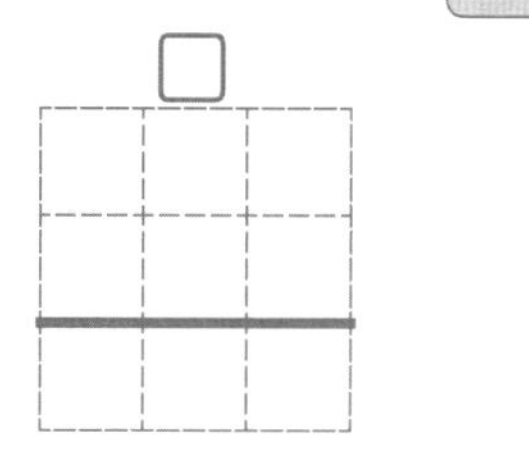

11. 65 + 19 =

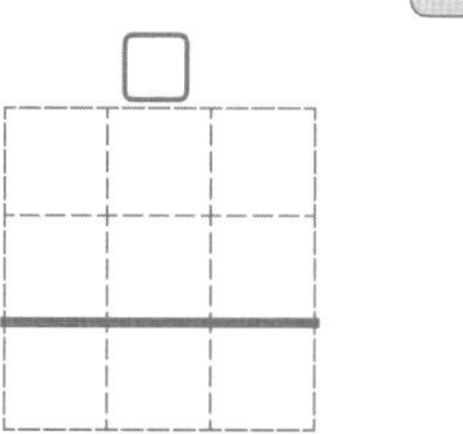

12. 38 + 56 =

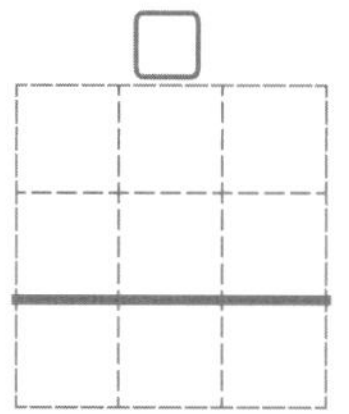

이어서 나는 ______ 을(를) 공부/연습할거야!!

59 + 64 의 계산

① 59 + 64를 아래와 같이 적습니다. ② 1의 자리 끼리 더해서 1의 자리에 적습니다. ③ 받아올림한 수와 십의 자리 수를 더합니다.

	5	9
+	6	4

1 ← 받아올림한 수

	5	9
+	6	4
		3

일의 자리 합이 10이 넘으면 십의 자리에 받아올림 해줍니다.

1

	5	9
+	6	4
1	2	3

십의 자리의 합이 10을 넘으면 백의 자리로 받아올림합니다.

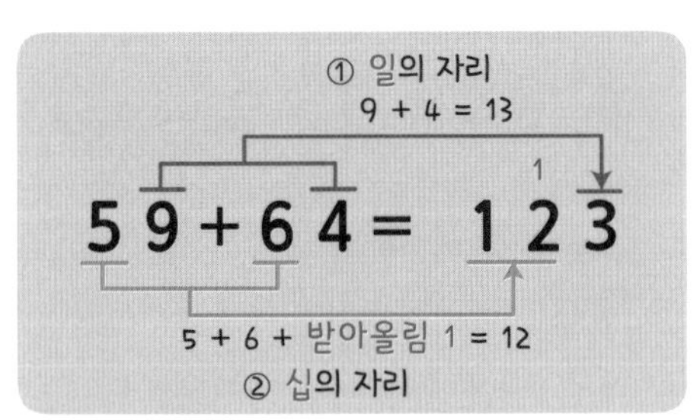

각 자리의 합이 10이 넘으면 위로 받아올림 해줍니다.

식을 밑으로 적어서 계산하고, 값을 적으세요.

01. 58 + 76 =

	5	8
+	7	6

02. 89 + 65 =

	8	9
+	6	5

03. 67 + 45 =

	6	7
+	4	5

04. 45 + 89 =

+		

05. 63 + 57 =

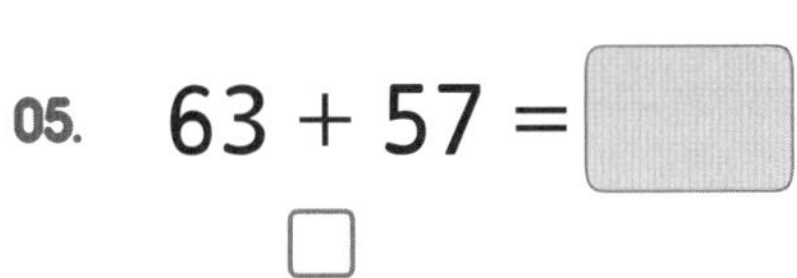

+		

06. 59 + 78 =

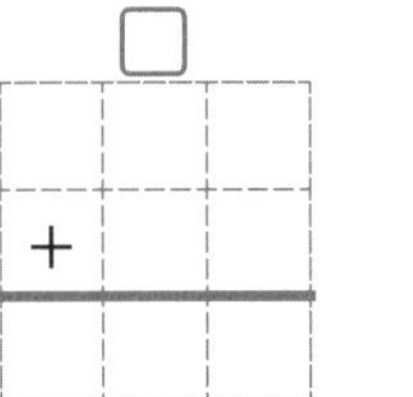

+		

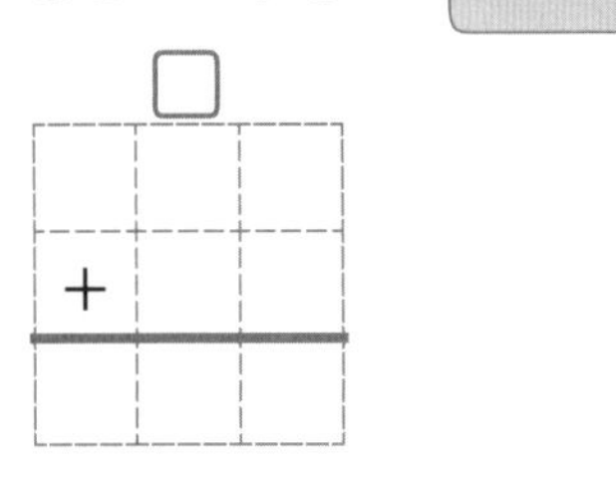

07. 76 + 46 =

08. 94 + 78 =

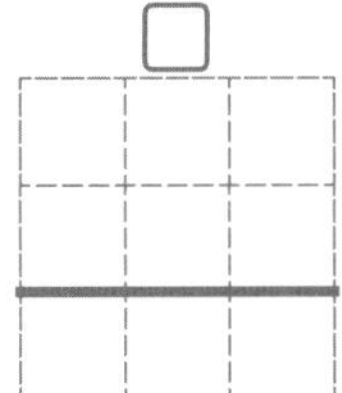

09. 85 + 89 =

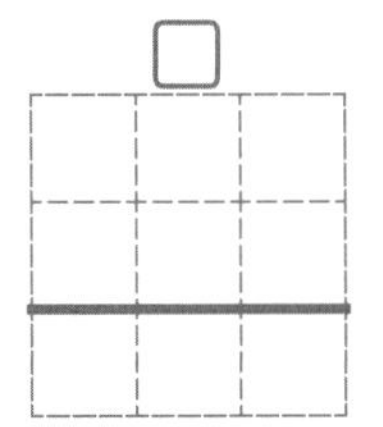

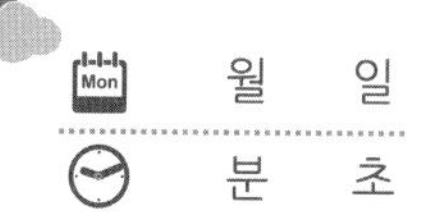

29 두 자리수의 밑으로 덧셈 (연습2)

월 일
분 초

식을 밑으로 적어서 계산하고, 값을 적으세요.

01. $63 + 58 =$ ☐

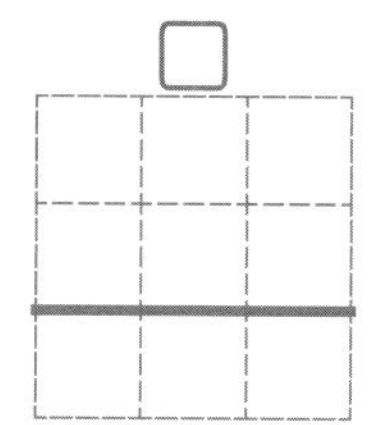

02. $59 + 75 =$ ☐

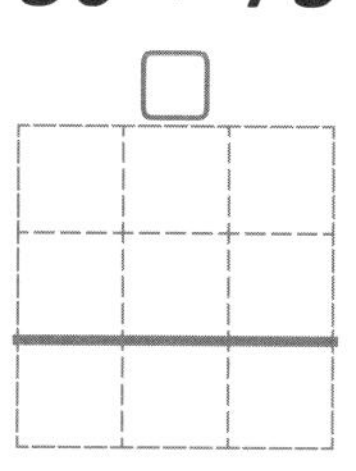

03. $64 + 46 =$ ☐

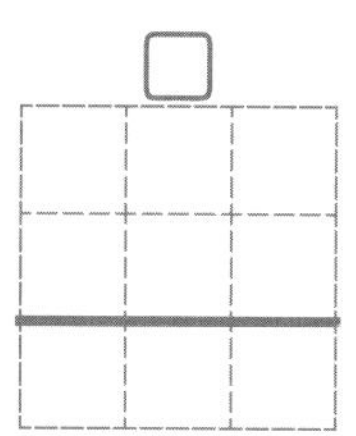

04. $37 + 97 =$ ☐

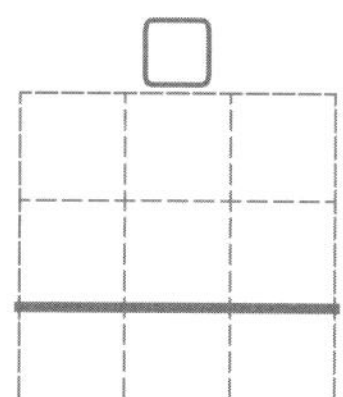

05. $85 + 89 =$ ☐

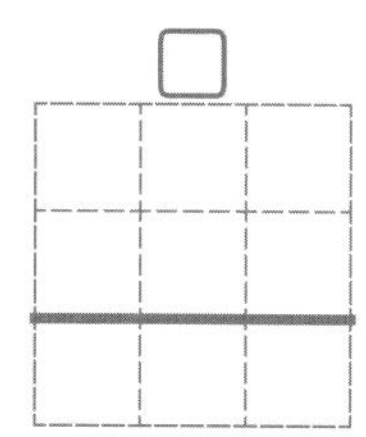

06. $79 + 25 =$ ☐

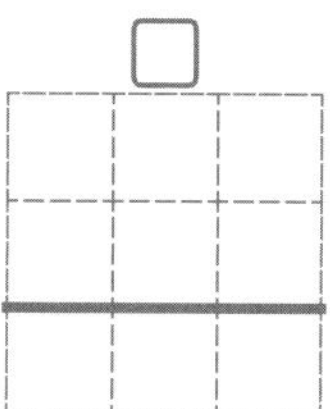

07. $83 + 17 =$ ☐

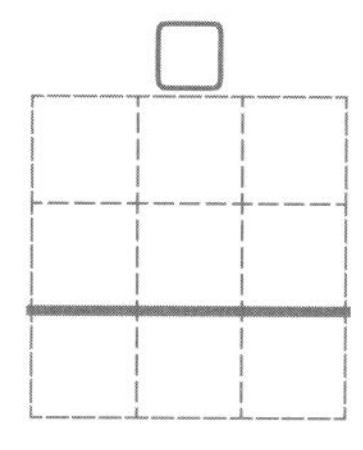

08. $64 + 39 =$ ☐

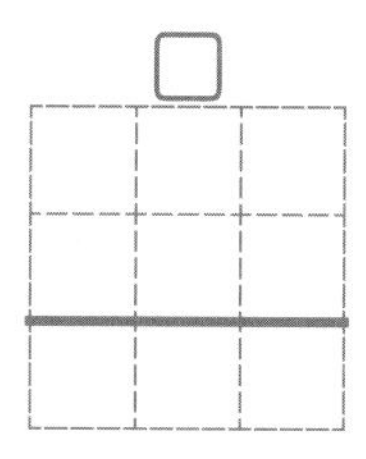

09. $48 + 54 =$ ☐

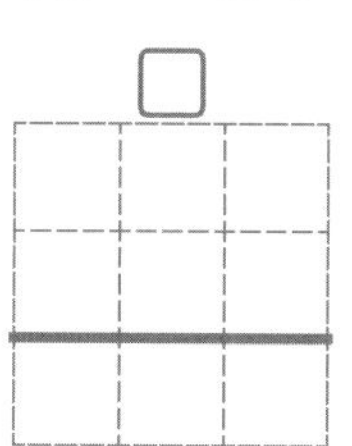

10. $56 + 68 =$ ☐

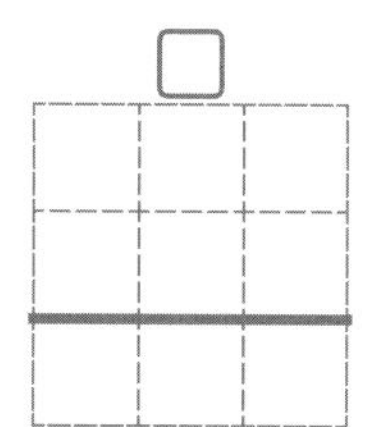

11. $95 + 45 =$ ☐

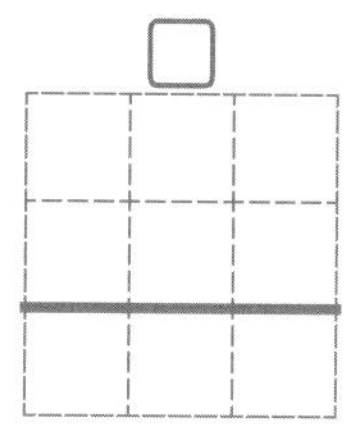

12. $84 + 79 =$ ☐

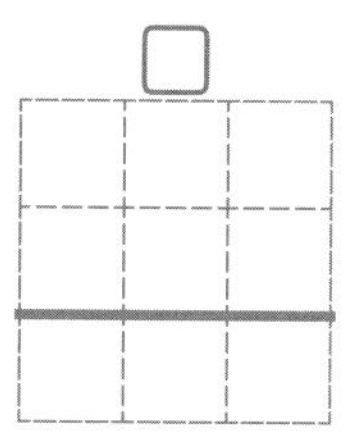

13. $73 + 58 =$ ☐

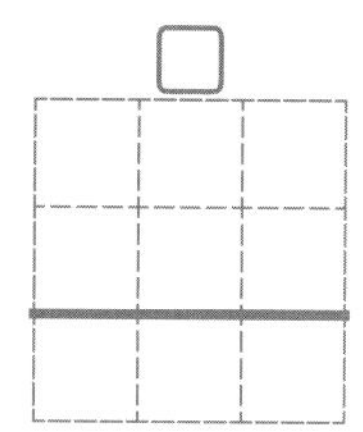

14. $46 + 85 =$ ☐

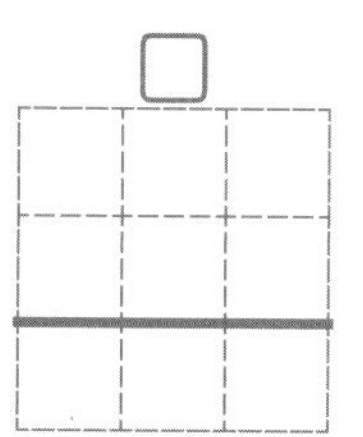

15. $99 + 27 =$ ☐

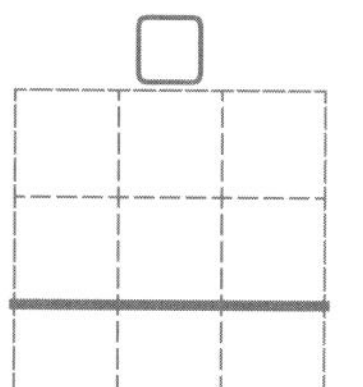

이어서 나는 ☐ 을(를) 공부/연습할거야!!

30 두 자리수의 밑으로 덧셈 (연습3)

받아올림에 주의해서 계산해 보세요.

01. $34 + 45 =$

02. $25 + 43 =$

03. $16 + 51 =$

04. $42 + 37 =$

05. $15 + 23 =$

06. $53 + 47 =$

07. $46 + 24 =$

08. $35 + 56 =$

09. $78 + 16 =$

10. $64 + 39 =$

11. $50 + 56 =$

12. $43 + 64 =$

13. $72 + 45 =$

14. $95 + 83 =$

15. $53 + 92 =$

16. $54 + 46 =$

17. $36 + 64 =$

18. $49 + 74 =$

19. $87 + 65 =$

20. $78 + 57 =$

이어서 나는 ______ 을(를) 공부/연습할거야!!

확인 (틀린 문제의 수를 적고, 약한 부분을 보충하세요.)

회차	틀린문제수
26 회	문제
27 회	문제
28 회	문제
29 회	문제
30 회	문제

생각해보기

앞에서 배운 5회차 내용이 모두 이해 되었나요?

1. 모두 이해되고 자신있다. → 다음 회로 넘어 갑니다.

2. 2~3문제 틀릴 수는 있겠지만 거의 이해한다.
   → 개념부분을 한번 더 읽고 다음 회로 넘어 갑니다.

3. 잘 모르는 것 같다.
   → 개념부분과 틀린문제를 한번 더 보고 다음 회로 넘어 갑니다.

틀린 문제가 있었다면 왜 틀렸을거라고 생각합니까?

1. 개념 설명이 어려워서 잘 모르겠다. 2. 다 아는데 실수한 것 같다.

3. 빨리 끝내고 싶어서 집중할 수가 없다. 4. 하기 싫어서....

오답노트 (앞에서 틀린 문제나 기억하고 싶은 문제를 적습니다.)

회	번
문제	풀이

회	번
문제	풀이

회	번
문제	풀이

회	번
문제	풀이

회	번
문제	풀이

32 − 4의 계산 (십의 자리에서 빌려와 빼기)

2에서 4를 뺄 수 없으므로, 십의 자리에서 10을 빌려와 12에서 4를 빼고, 나머지 십의 자리를 더합니다.

32 − 4
20 12
8 ① 12−4=
② 20+8= 28

32는 20 + 12 이므로
① 12−4를 계산하고,
② 20+8을 계산합니다.

$32-4$
$= 20+12-4$ → 32는 20 + 12 이므로
$= 20+8$ ① → 12−4를 계산하고,
$= 28$ ② → 20+8을 계산합니다.

위의 방법으로 아래 뺄셈을 계산하여 값을 구하세요.

01. 35 − 6 = ☐

02. 41 − 5 = ☐

03. 54 − 7 = ☐

04. 24 − 8
= 10 + ☐ − 8
= ☐ + 6
= ☐

05. 62 − 7
= 50 + ☐ − 7
= ☐ + ☐
= ☐

06. 53 − 4
= ☐ + ☐ − 4
= ☐ + ☐
= ☐

07. 56 − 9 = ☐

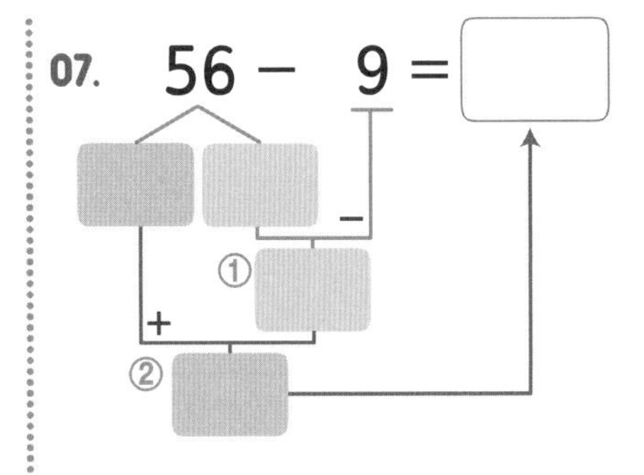

07번 문제를 식으로 풀어서 풀면

08. 56 − 9
= 40 + ☐ − 9
= ☐ + ☐
= ☐

09. 81 − 3
= ☐ + ☐ − ☐
= ☐ + ☐
= ☐

※ 16−9 와 같은 계산이 잘 안되면 이것 먼저 공부해야 합니다. (www.obook.kr의 자료실에 있는 계산 엑셀파일을 다운받아 연습하세요.)

32 받아내림이 있는 두 자리 수 - 한 자리 수 (연습1)

받아내림해서 일의 자리부터 빼고, 남은 십의 자리를 더하는 방법으로 계산해 보세요.

01. 53 − 7 = ☐

① − ② +

02. 34 − 6 = ☐

① − ② +

03. 42 − 8
= 30 + ☐ − 8
= ☐ + 4
= ☐

04. 65 − 9
= 50 + ☐ − 9
= ☐ + ☐
= ☐

05. 35 − 6
= 20 + ☐ − ☐
= ☐ + ☐
= ☐

06. 51 − 9
= 40 + ☐ − ☐
= ☐ + ☐
= ☐

07. 64 − 7
= 50 + ☐ − ☐
= ☐ + ☐
= ☐

08. 43 − 5
= 30 + ☐ − ☐
= ☐ + ☐
= ☐

09. 41 − 5
= 30 +
=
= ☐

10. 74 − 7
= 60 +
=
= ☐

11. 65 − 6
=
=
= ☐

12. 82 − 8
=
=
= ☐

33 받아내림이 있는 두자리수 - 한자리수 (2)

32 − 4의 계산 (10에서 빼기)

2에서 4를 뺄 수 없으므로, 32를 22와 10으로 갈라서 10−4를 하고, 22를 더해 줍니다.

32 − 4
22 10
① 10−4= 6
② 22+6= 28

32는 22 + 10 이므로
① 10−4를 계산하고,
② 22+6을 계산합니다.

$32-4$
$= 22+10-4$ → 32는 22 + 10 이므로
① $= 22+6$ → 10−4를 계산하고,
② $= 28$ → 22+6을 계산합니다.

위의 방법을 이해하고 아래 문제를 같은 방법으로 풀어보세요.

01. 21 − 9 = ☐
☐ 10 −
① ☐
+
② ☐

02. 53 − 6 = ☐
☐ 10 −
① ☐
+
② ☐

03. 44 − 8 = ☐
☐ 10 −
① ☐
+
② ☐

04. 35 − 7
= 25 + ☐ − 7
= ☐ + 3
= ☐

05. 92 − 5
= 82 + ☐ − 5
= ☐ + ☐
= ☐

06. 87 − 9
= ☐ + 10 − ☐
= ☐ + ☐
= ☐

07. 76 − 8 = ☐
☐ 10 −
① ☐
+
② ☐

07번 문제를 식으로 풀어서 풀면

08. 76 − 8
= 66 + ☐ − 8
= ☐ + ☐
= ☐

09. 51 − 5
= ☐ + ☐ − ☐
= ☐ + ☐
= ☐

※ 수 3개의 계산에서 더하고 빼는 것과 빼고 더하는 것은 같으므로, 46+10−8에서 뒤의 10−8을 먼저 계산해도 됩니다. (− − 와 − + 는 무조건 순서대로 계산합니다.)

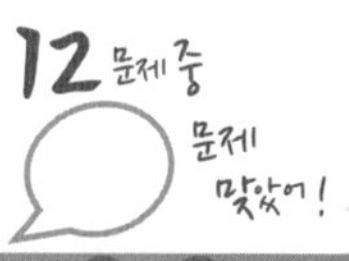

앞의 수를 10으로 갈라서 10과 뒤의 수를 빼는 방법으로 계산해 보세요.

01. 32 − 7 = ☐

(☐, 10) − 7 → ① ☐, + → ② ☐

02. 41 − 5 = ☐

(☐, ☐) − 5 → ① ☐, + → ② ☐

03. 63 − 6
= 53 + ☐ − 6
= ☐ + 4
= ☐

04. 54 − 7
= ☐ + 10 − 7
= ☐ + ☐
= ☐

05. 24 − 9
= 14 + ☐ − ☐
= ☐ + ☐
= ☐

06. 52 − 4
= 42 + ☐ − ☐
= ☐ + ☐
= ☐

07. 43 − 5
= ☐ + 10 − ☐
= ☐ + ☐
= ☐

08. 31 − 8
= ☐ + 10 − ☐
= ☐ + ☐
= ☐

09. 75 − 8
= 65 +
=
= ☐

10. 84 − 5
= 74 +
=
= ☐

11. 96 − 7
=
=
= ☐

12. 75 − 6
=
=
= ☐

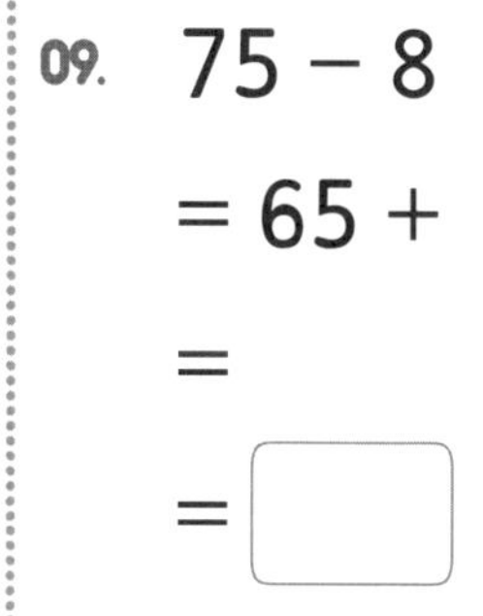

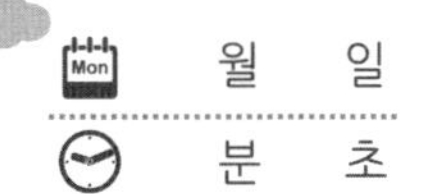

빨셈을 계산하는 2가지 방법을 잘 생각해서 아래 문제를 풀어보세요.

01. 42 − 5 = ☐
☐ 12 − ① ☐ + ② ☐

02. 96 − 9 = ☐
☐ 16 − ① ☐ + ② ☐

03. 31 − 7
= ☐ + 11 − ☐
= ☐ + ☐
= ☐

04. 53 − 8
= ☐ + 13 − ☐
= ☐ + ☐
= ☐

05. 42 − 5 = ☐
☐ 10 − ① ☐ + ② ☐

06. 96 − 9 = ☐
☐ 10 − ① ☐ + ② ☐

07. 31 − 7
= ☐ + 10 − ☐
= ☐ + ☐
= ☐

08. 53 − 8
= ☐ + 10 − ☐
= ☐ + ☐
= ☐

내가 편한 방법으로 풀어봅니다.

09. 25 − 6 = ☐

10. 54 − 8 = ☐

11. 46 − 7 = ☐

12. 67 − 9 = ☐

13. 55 − 8 = ☐

※ 1~4번 문제와 5~8번 문제는 문제는 같지만 푸는 방법이 다릅니다.
어떻게 다른지 다시 한번 확인해 보고, 어떤 방법이 나에게 쉬운지 생각해 봅니다.

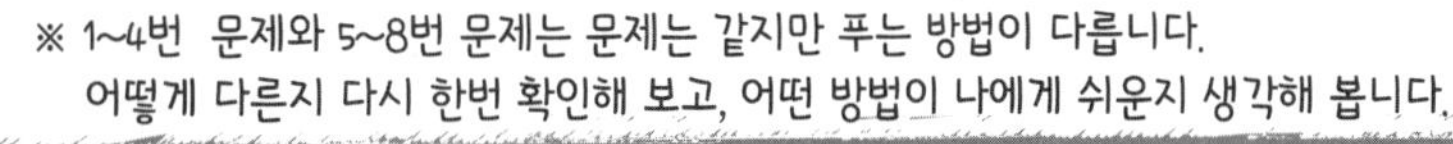

확인 (틀린 문제의 수를 적고, 약한 부분을 보충하세요.)

회차	틀린문제수
31 회	문제
32 회	문제
33 회	문제
34 회	문제
35 회	문제

생각해보기

앞에서 배운 5회차 내용이 모두 이해 되었나요?

1. 모두 이해되고 자신있다. → 다음 회로 넘어 갑니다.

2. 2~3문제 틀릴 수는 있겠지만 거의 이해한다.
   → 개념부분을 한번 더 읽고 다음 회로 넘어 갑니다.

3. 잘 모르는 것 같다.
   → 개념부분과 틀린문제를 한번 더 보고 다음 회로 넘어 갑니다.

틀린 문제가 있었다면 왜 틀렸을거라고 생각합니까?

1. 개념 설명이 어려워서 잘 모르겠다. 2. 다 아는데 실수한 것 같다.

3. 빨리 끝내고 싶어서 집중할 수가 없다. 4. 하기 싫어서....

오답노트 (앞에서 틀린 문제나 기억하고 싶은 문제를 적습니다.)

회	번
문제	풀이

회	번
문제	풀이

회	번
문제	풀이

회	번
문제	풀이

회	번
문제	풀이

월 일
분 초

34 – 5 의 계산

① 34 – 5를 아래와 같이 적습니다.

② 10의 자리에서 10을 받아내림하여 일의 자리를 계산합니다.

③ 받아내림하고 남은 수를 십의 자리에 적습니다.

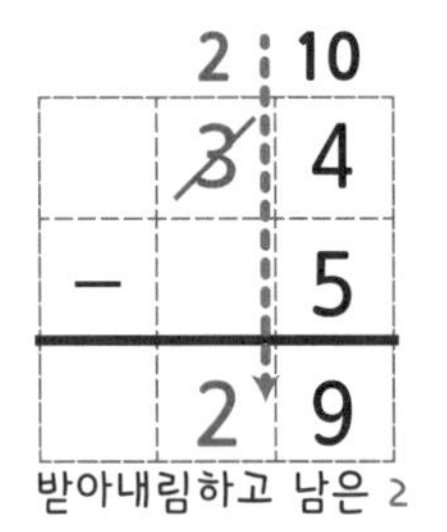

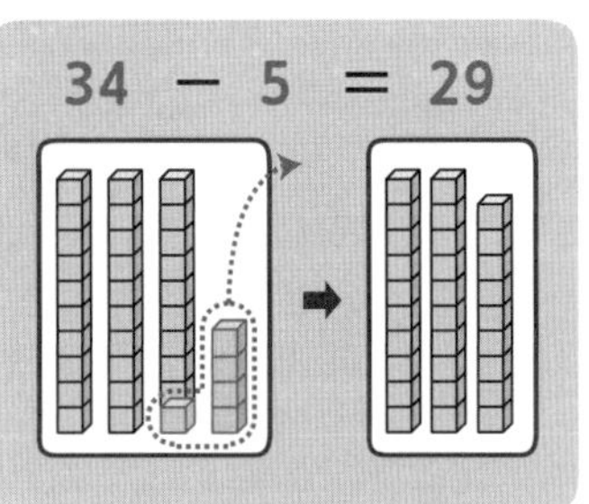

	3	4
–		5

	3	4
–		5
		9

	2	10
	3	4
–		5
	2	9

받아내림하고 남은 2

일의 자리가 작아 뺄 수 없을때는 십의 자리에서 빌려서(받아내림) 빼줍니다.

식을 밑으로 적어서 계산하고, 값을 적으세요.

01. $18 - 9 =$ ☐

	1	8
–		9

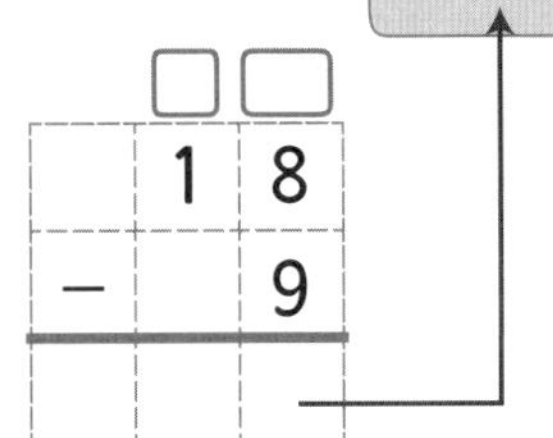

02. $25 - 7 =$ ☐

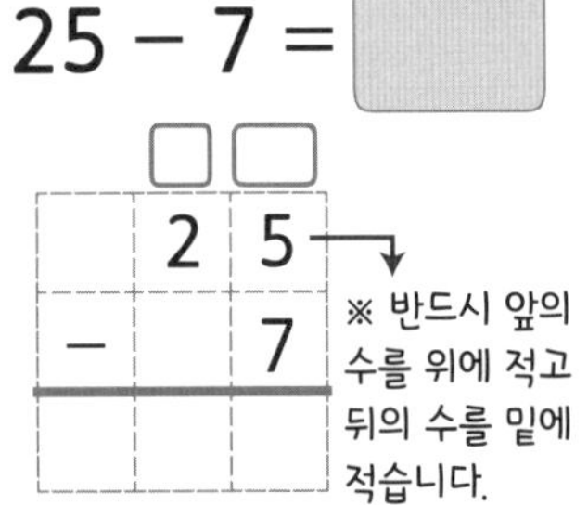

	2	5
–		7

※ 반드시 앞의 수를 위에 적고 뒤의 수를 밑에 적습니다.

03. $32 - 9 =$ ☐

	3	2
–		9

04. $43 - 5 =$ ☐

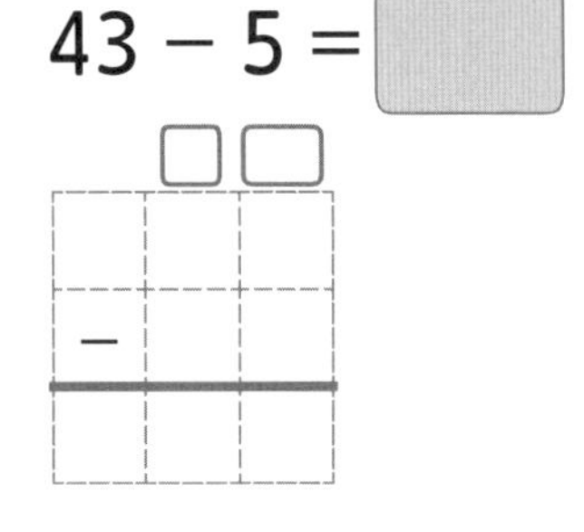

05. $51 - 6 =$ ☐

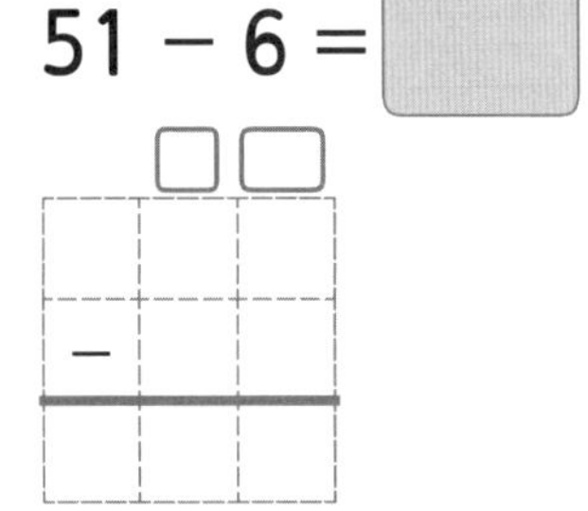

06. $64 - 8 =$ ☐

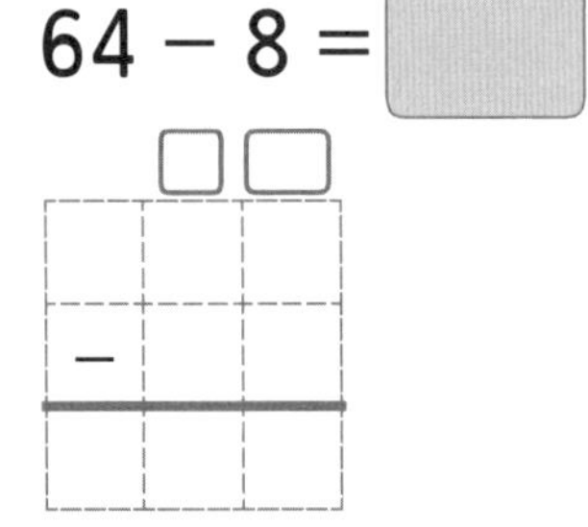

07. $30 - 8 =$ ☐

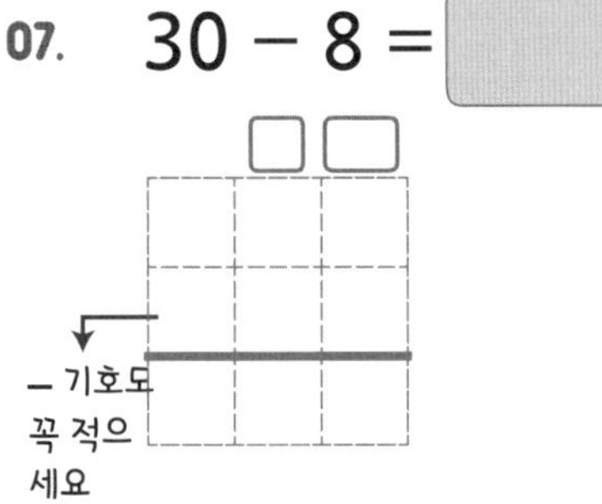

08. $42 - 4 =$ ☐

09. $53 - 9 =$ ☐

 이어서 나는 ☐ 을(를) 공부/연습할거야!!

37 두 자리수의 밑으로 뺄셈 (연습1)

세로셈을 이용하여 아래 식의 값을 구하세요.

01. $17 - 8 =$ ☐

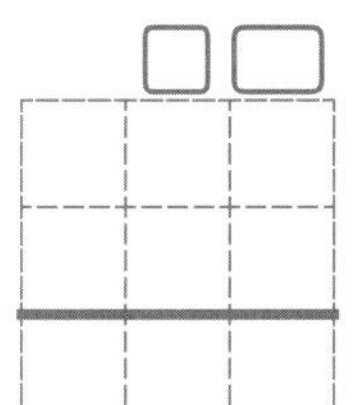

02. $24 - 9 =$ ☐

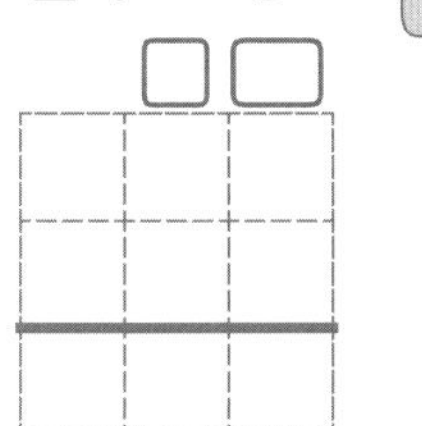

03. $53 - 5 =$ ☐

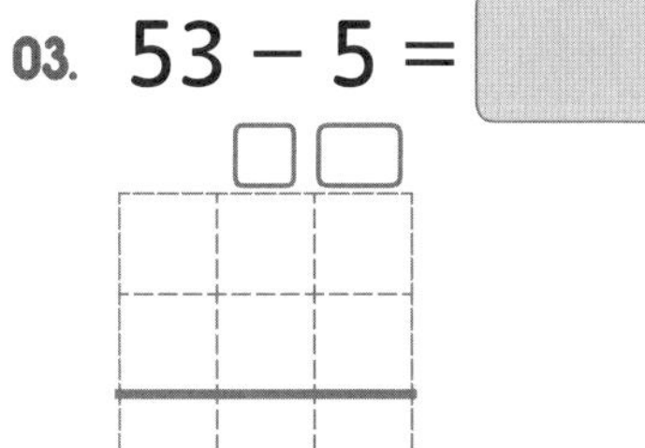

04. $46 - 8 =$ ☐

05. $67 - 9 =$ ☐

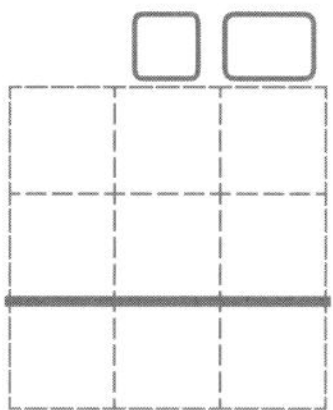

06. $43 - 6 =$ ☐

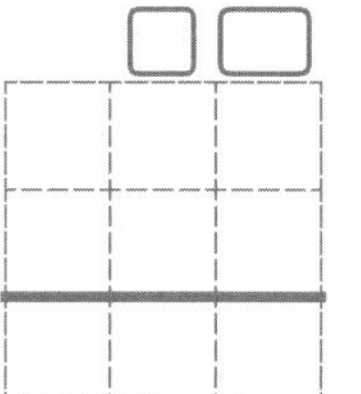

07. $84 - 7 =$ ☐

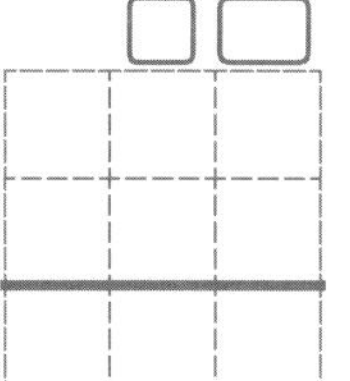

08. $91 - 5 =$ ☐

09. $53 - 8 =$ ☐

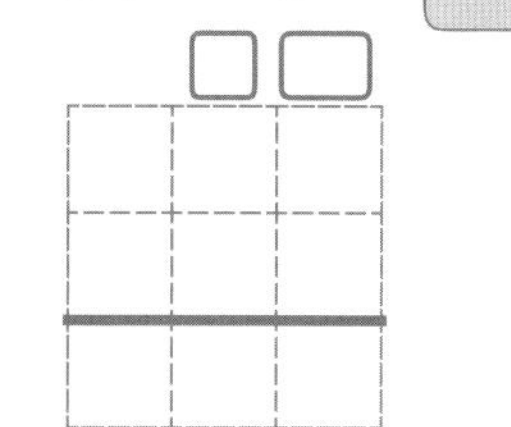

10. $62 - 6 =$ ☐

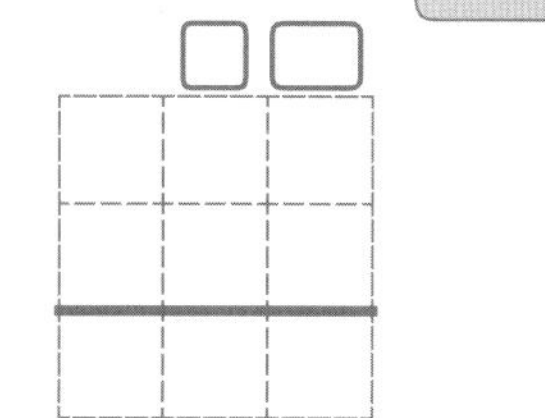

11. $37 - 8 =$ ☐

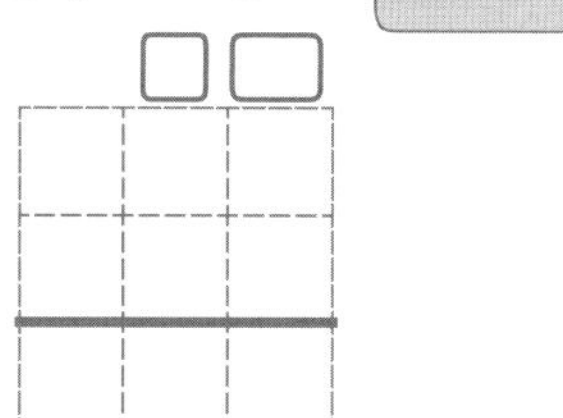

12. $75 - 9 =$ ☐

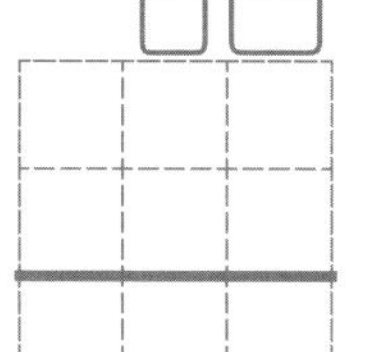

소리내 풀기 밑으로 빼는 방법을 사용하여 뺄셈을 계산해 보세요.

01. 37 − 9 =

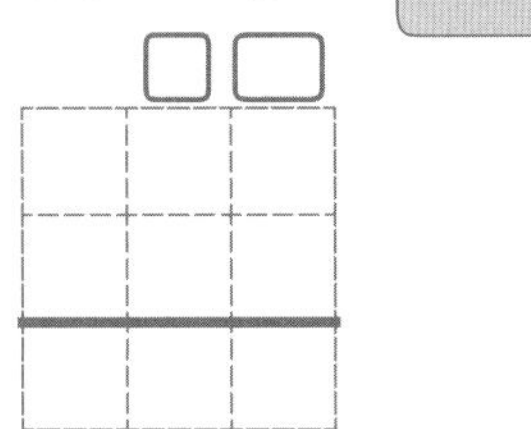

02. 24 − 8 =

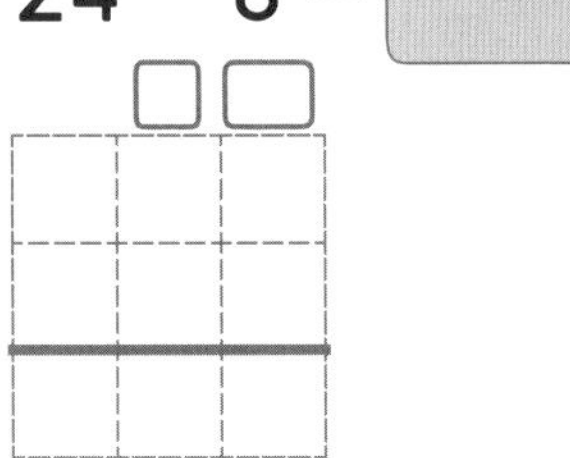

03. 43 − 7 =

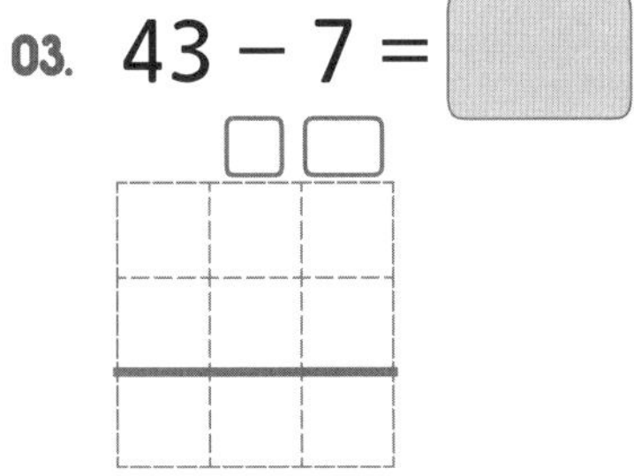

04. 51 − 6 =

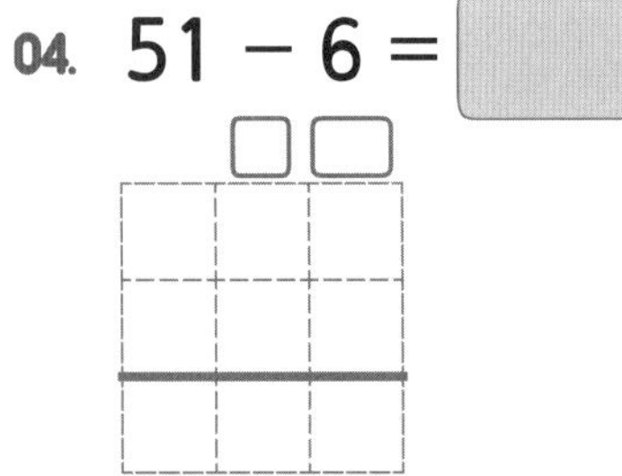

05. 62 − 7 =

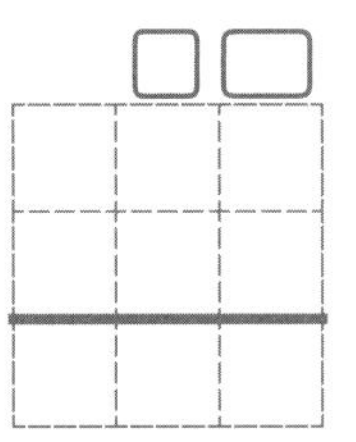

06. 53 − 6 =

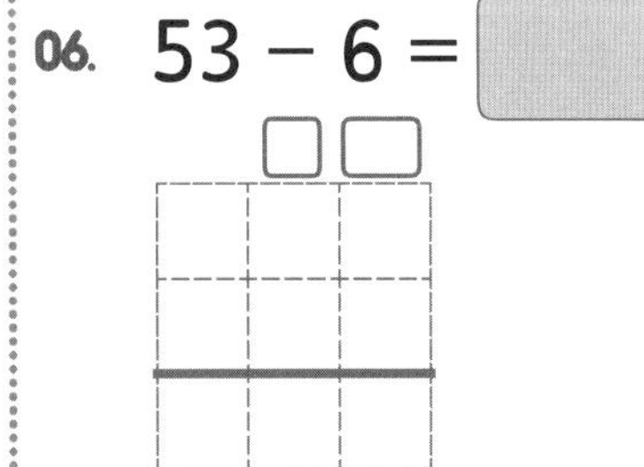

07. 74 − 8 =

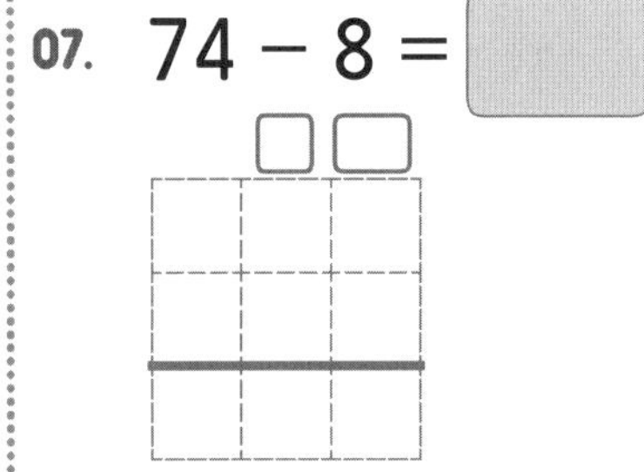

08. 41 − 5 =

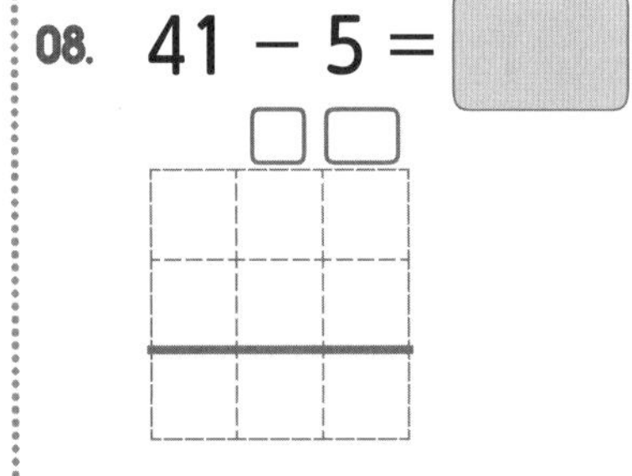

09. 93 − 8 =

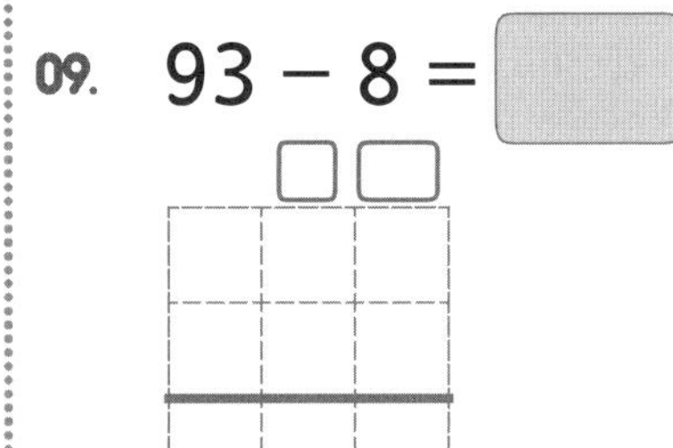

10. 75 − 7 =

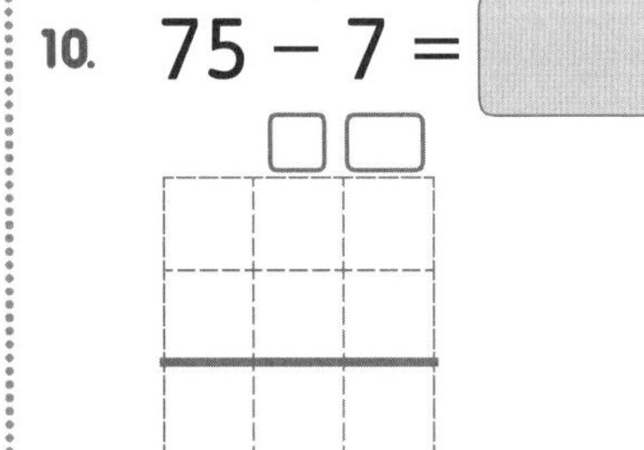

11. 86 − 9 =

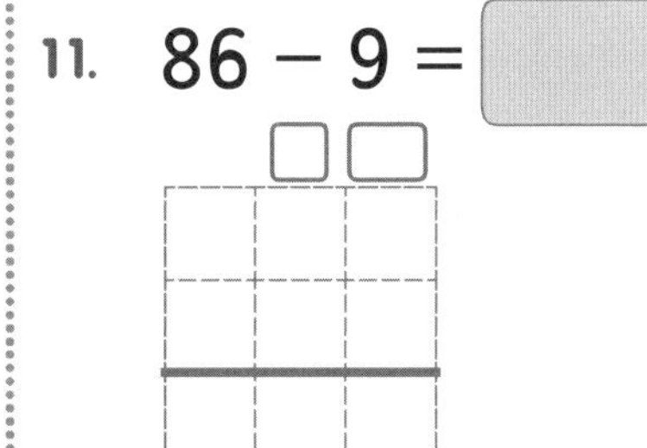

12. 94 − 6 =

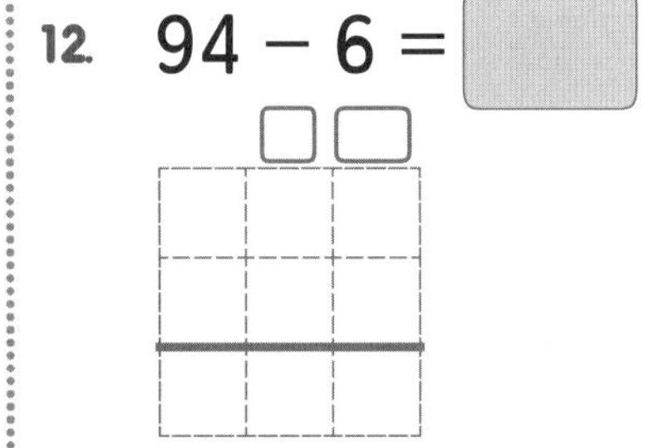

21 문제 중 문제 맞았어!

아래 식을 계산하여 값을 적으세요.

01. $23 - 5 =$ ☐

02. $21 - 3 =$ ☐

03. $35 - 6 =$ ☐

04. $32 - 4 =$ ☐

05. $40 - 7 =$ ☐

06. $45 - 8 =$ ☐

07. $54 - 9 =$ ☐

08. $32 - 7 =$ ☐

09. $54 - 9 =$ ☐

10. $71 - 6 =$ ☐

11. $65 - 8 =$ ☐

12. $43 - 4 =$ ☐

13. $26 - 9 =$ ☐

14. $50 - 5 =$ ☐

15. $72 - 9 =$ ☐

16. $94 - 6 =$ ☐

17. $81 - 7 =$ ☐

18. $73 - 8 =$ ☐

19. $65 - 9 =$ ☐

20. $82 - 5 =$ ☐

21. $91 - 8 =$ ☐

문제) 우리집에 동화책이 **63**권 있습니다. 이번 주 금요일에 있는 벼룩시장에서 **8**권을 팔려고 합니다. 다 팔면 몇 권 남을까요?

풀이) 지금 동화책 수 = 63권　팔려는 동화책 수 = 8권
남는 동화책 수 = 지금 동화책 수 – 팔려는 동화책 수
이므로 식은 63–8이고 값은 55 입니다.
따라서 55권 남았습니다.

식) 63–8　답) 55권

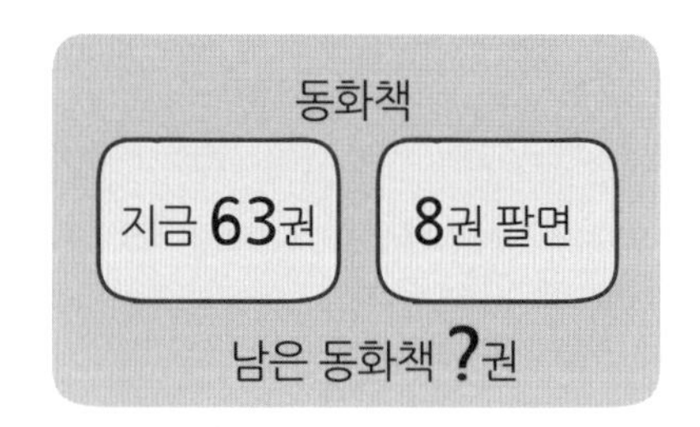

아래의 문제를 풀어보세요.

01. **55**명이 버스에 타고 있습니다. 이번 정류소에서 **7**명이 내리고, 아무도 안탄다면, 몇 명이 타고 있을까요?

풀이) 타고 있는 사람 수 = ☐ 명

내린 사람 수 = ☐ 명

전체 사람 수 = 타고 있는 사람 수 ☐ 내린 사람 수

이므로 식은 ☐ 이고

답은 ☐ 명 입니다.

식) ______　답) ☐ 명

02. 대환이는 딱지 **72**장를 가지고 있습니다. 동생이 예뻐서 **9**장를 주면, 몇 장이 남을까요?

풀이) 가지고 있는 딱지 수 = ☐ 장

동생에게 주고 싶은 딱지 수 = ☐ 장

남는 딱지 수 = 지금 딱지 수 ☐ 주고 싶은 수

이므로 식은 ☐ 이고

답은 ☐ 장 입니다.

식) ______　답) ☐ 장

03. 주차장에 주차된 차를 세어보니 **34**대 였습니다. 세는 동안 **6**대가 나갔다면 몇 대가 남아 있을까요?

(식 2점 답 1점)

풀이)

식) ______　답) ______ 대

내가 문제를 만들어 풀어 봅니다. (두자리수 - 한자리수)

04.

(문제 2점 식 2점 답 1점)

풀이)

식) ______　답) ______

 이어서 나는 ☐ 을(를) 공부/연습할거야!!

확인 (틀린 문제의 수를 적고, 약한 부분을 보충하세요.)

회차	틀린문제수
36 회	문제
37 회	문제
38 회	문제
39 회	문제
40 회	문제

생각해보기

앞에서 배운 5회차 내용이 모두 이해 되었나요?

1. 모두 이해되고 자신있다. → 다음 회로 넘어 갑니다.

2. 2~3문제 틀릴 수는 있겠지만 거의 이해한다.
   → 개념부분을 한번 더 읽고 다음 회로 넘어 갑니다.

3. 잘 모르는 것 같다.
   → 개념부분과 틀린문제를 한번 더 보고 다음 회로 넘어 갑니다.

틀린 문제가 있었다면 왜 틀렸을거라고 생각합니까?

1. 개념 설명이 어려워서 잘 모르겠다. 2. 다 아는데 실수한 것 같다.

3. 빨리 끝내고 싶어서 집중할 수가 없다. 4. 하기 싫어서....

오답노트 (앞에서 틀린 문제나 기억하고 싶은 문제를 적습니다.)

회 번	
문제	풀이

회 번	
문제	풀이

회 번	
문제	풀이

회 번	
문제	풀이

회 번	
문제	풀이

43 − 25의 계산 ① (십의 자리부터 빼기)

① 25를 20과 5로 가릅니다. ② 20을 먼저 빼고, 5을 뺍니다.

43 − 25 — 25는 20 + 5 이므로

① 43−20= 23 — ① 43−20을 계산하고,

② 23−5= 18 — ② 23− 5를 계산합니다.

43−25
= 43−20−5 → 25를 20과 5로 갈라
= ①23−5 → 20을 먼저 빼고,
= ②18 → 그 값에 5를 빼줍니다.

25를 한번에 빼는 것보다 20과 5로 두번 나누워 빼는 것이 쉽습니다.

위와 같이 십의 자리부터 빼고, 일의 자리를 빼는 방법으로 아래 뺄셈을 계산해 보세요.

01. 54 − 26 = ☐
① ☐
② ☐

02. 62 − 17 = ☐
① ☐
② ☐

03. 45 − 39 = ☐
① ☐
② ☐

04. 31 − 18
= 31 − ☐ − 8
= ☐ − ☐
= ☐

05. 73 − 34
= 73 − ☐ − 4
= ☐ − ☐
= ☐

06. 52 − 25
= ☐ − 20 − ☐
= ☐ − ☐
= ☐

07. 47 − 29 = ☐
① ☐
② ☐

08. 86 − 57
= 86 − ☐ − 7
= ☐ − ☐ = ☐

09. 94 − 48 = ☐
① ☐
② ☐

10. 76 − 27
= 76 − ☐ − ☐
= ☐ − ☐ = ☐

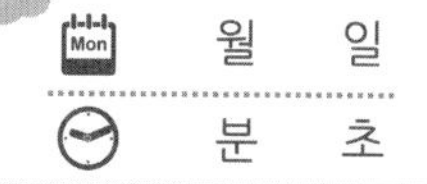

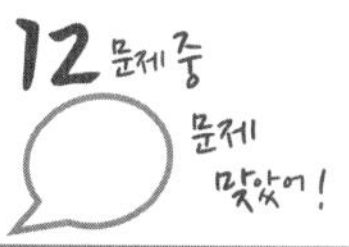

십의 자리를 먼저 빼고, 일의 자리를 빼는 방법으로 계산해 보세요.

01. 63 − 25 = ☐
① ☐
② ☐

02. 41 − 36 = ☐
① ☐
② ☐

03. 25 − 18
= 25 − ☐ − 8
= ☐ − ☐
= ☐

04. 34− 17
= ☐ − 10 − ☐
= ☐ − ☐
= ☐

05. 43 − 14
= ☐ − 10 − ☐
= ☐ − ☐
= ☐

06. 74 − 26
= ☐ − 20 − ☐
= ☐ − ☐
= ☐

07. 51 − 37
= ☐ − ☐ − ☐
= ☐ − ☐
= ☐

08. 65 − 45
= ☐ − ☐ − ☐
= ☐ − ☐
= ☐

09. 85 − 56
=
=
= ☐

10. 64 − 37
=
=
= ☐

11. 97 − 49
=
=
= ☐

12. 76 − 68
=
=
= ☐

43 − 25의 계산 ② (일의 자리부터 빼기)

① 25를 5와 20으로 가릅니다. ② 5를 먼저 빼고, 20을 뺍니다.

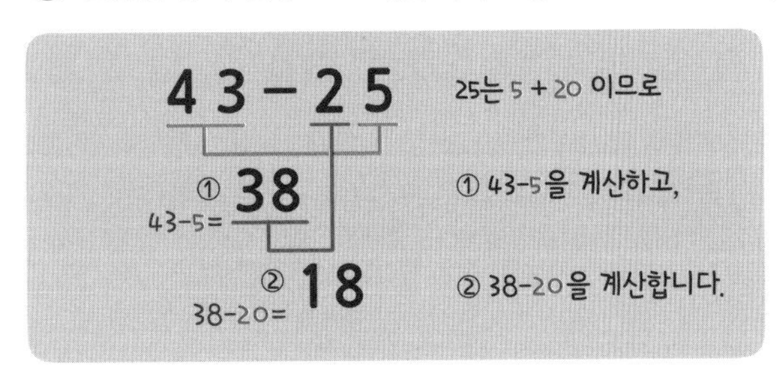

43 − 25
= 43 − 5 − 20 → 25를 5 와 20 으로 갈라
= ① 38 − 20 → 5를 먼저 빼고,
= ② 18 → 그 값에 20을 또 뺍니다.

20을 빼고 5를 빼는 것과 5를 빼고 20을 빼는 것은 같습니다.

일의 자리를 먼저 빼고, 십의 자리를 빼는 방법으로 아래 식을 계산해 보세요.

01. 54 − 26 = □
① □
② □

02. 62 − 17 = □

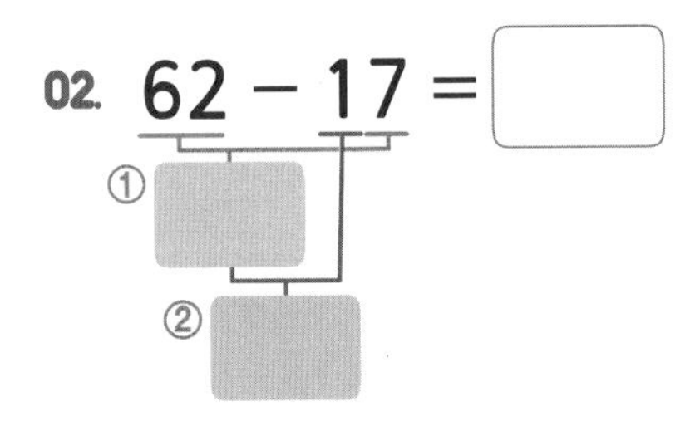

03. 45 − 39 = □

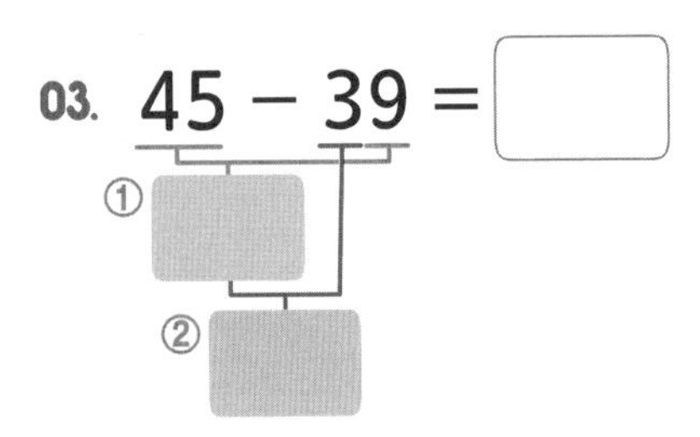

04. 31 − 18
= 31 − 8 − □
= □ − □
= □

05. 73 − 34
= 73 − □ − 30
= □ − □
= □

06. 52 − 25
= □ − 5 − □
= □ − □
= □

07. 47 − 29 = □

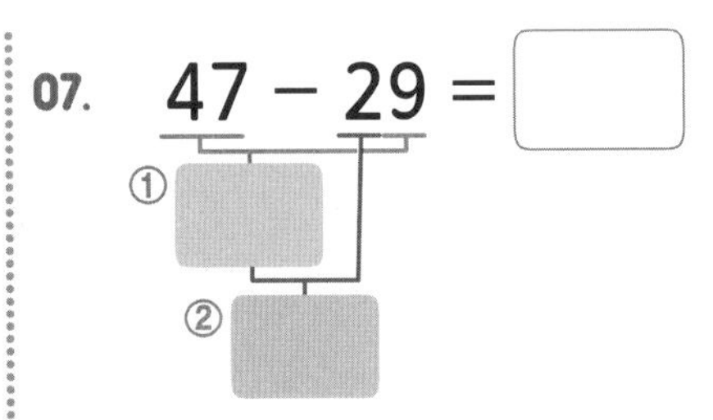

08. 86 − 57
= 86 − □ − 50
= □ − □ = □

09. 94 − 48 = □
① □
② □

10. 94 − 48
= 94 − □ − □
= □ − □ = □

※ 수를 계산할때 높은 자리수부터 계산해도 되지만, 일의 자리부터 계산하는 것이 일반적(보통, 평범한) 입니다.

 이어서 나는 □ 을(를) 공부/연습할거야!!

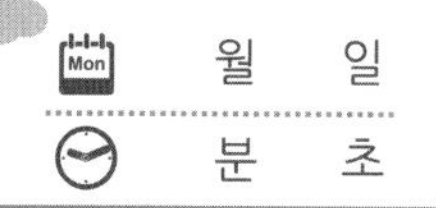

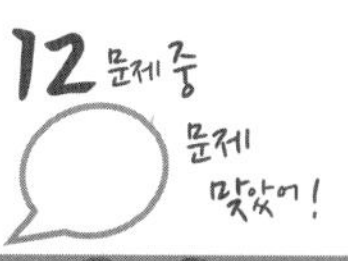

일의 자리를 먼저 빼고, 십의 자리를 빼서 계산해 보세요.

01. 63 − 37 = ☐
① ☐
② ☐

02. 52 − 45 = ☐
① ☐
② ☐

03. 45 − 29
= 45 − ☐ − 20
= ☐ − ☐
= ☐

04. 31 − 15
= ☐ − 5 − ☐
= ☐ − ☐
= ☐

05. 51 − 25
= ☐ − ☐ − ☐
= ☐ − ☐
= ☐

06. 83 − 54
= ☐ − ☐ − ☐
= ☐ − ☐
= ☐

07. 72 − 46
= ☐ − ☐ − ☐
= ☐ − ☐
= ☐

08. 92 − 67
= ☐ − ☐ − ☐
= ☐ − ☐
= ☐

09. 31 − 18
=
=
= ☐

10. 73 − 34
=
=
= ☐

11. 52 − 25
=
=
= ☐

12. 84 − 17
=
=
= ☐

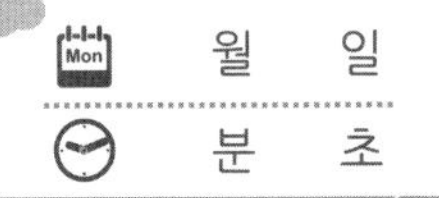

월 일
분 초

빼셈을 계산하는 2가지 방법을 잘 생각해서 아래 문제를 풀어보세요.

01. $35 - 26 = \square$
①
②

02. $48 - 15 = \square$
①
②

03. $54 - 28$
$= \square - 20 - \square$
$= \square - \square$
$= \square$

04. $62 - 17$
$= \square - 10 - \square$
$= \square - \square$
$= \square$

05. $35 - 26 = \square$
①
②

06. $48 - 15 = \square$
①
②

07. $54 - 28$
$= \square - 8 - \square$
$= \square - \square$
$= \square$

08. $62 - 17$
$= \square - 7 - \square$
$= \square - \square$
$= \square$

내가 편한 방법으로 풀어봅니다.

09. $84 - 25 = \square$

10. $93 - 57 = \square$

11. $71 - 36 = \square$

12. $67 - 18 = \square$

13. $56 - 49 = \square$

이어서 나는 ＿＿＿ 을(를) 공부/연습할거야!!

확인 (틀린 문제의 수를 적고, 약한 부분을 보충하세요.)

회차	틀린문제수
41 회	문제
42 회	문제
43 회	문제
44 회	문제
45 회	문제

생각해보기

앞에서 배운 5회차 내용이 모두 이해 되었나요?

1. 모두 이해되고 자신있다. → 다음 회로 넘어 갑니다.

2. 2~3문제 틀릴 수는 있겠지만 거의 이해한다.
 → 개념부분을 한번 더 읽고 다음 회로 넘어 갑니다.

3. 잘 모르는 것 같다.
 → 개념부분과 틀린문제를 한번 더 보고 다음 회로 넘어 갑니다.

틀린 문제가 있었다면 왜 틀렸을거라고 생각합니까?

1. 개념 설명이 어려워서 잘 모르겠다. 2. 다 아는데 실수한 것 같다.

3. 빨리 끝내고 싶어서 집중할 수가 없다. 4. 하기 싫어서....

오답노트 (앞에서 틀린 문제나 기억하고 싶은 문제를 적습니다.)

회	번
문제	풀이

회	번
문제	풀이

회	번
문제	풀이

회	번
문제	풀이

회	번
문제	풀이

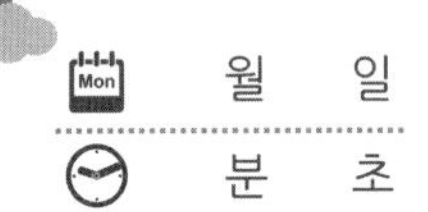

43 − 25 의 계산

① 43 − 25를 아래와 같이 적습니다.

	4	3
−	2	5

② 10의 자리에서 10을 받아내림하여 일의 자리를 계산합니다.

받아내림하고 남은 수 → 3 10 ← 받아내림한 수

	~~4~~	3
−	2	5
		8

13−5=8

③ 받아내림하고 남은 수와 십의 자리끼리 빼줍니다.

3 10

	~~4~~	3
−	2	5
	1	8

받아내림하고 남은 3−2=1

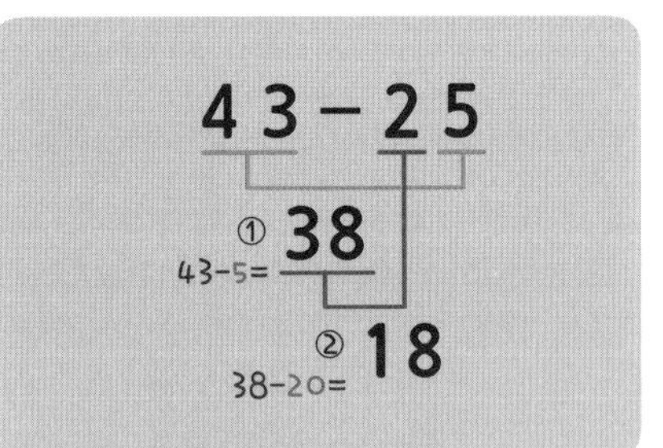

일의 자리를 받아내림하여 빼고, 십의 자리를 빼는 방법과 같습니다.

식을 밑으로 적어서 계산하고, 값을 적으세요.

01. 46 − 28 = ☐

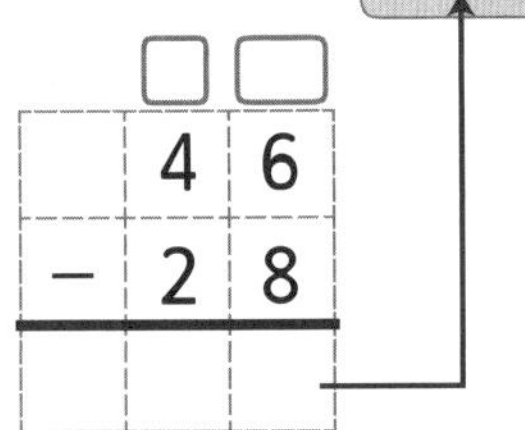

	4	6
−	2	8

02. 65 − 29 = ☐

	6	5
−	2	9

03. 54 − 47 = ☐

	5	4
−	4	7

04. 40 − 18 = ☐

05. 54 − 25 = ☐

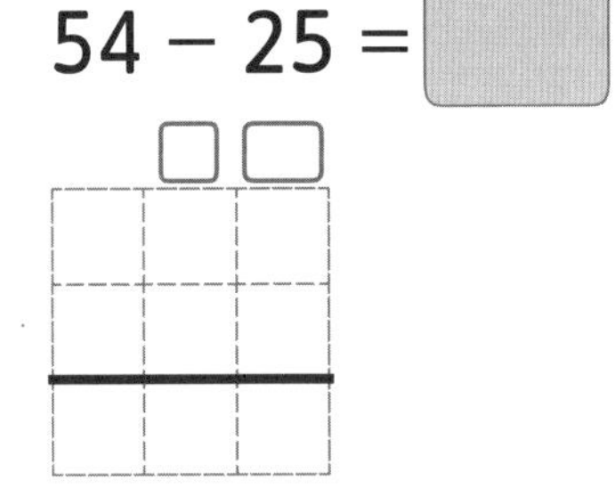

06. 60 − 36 = ☐

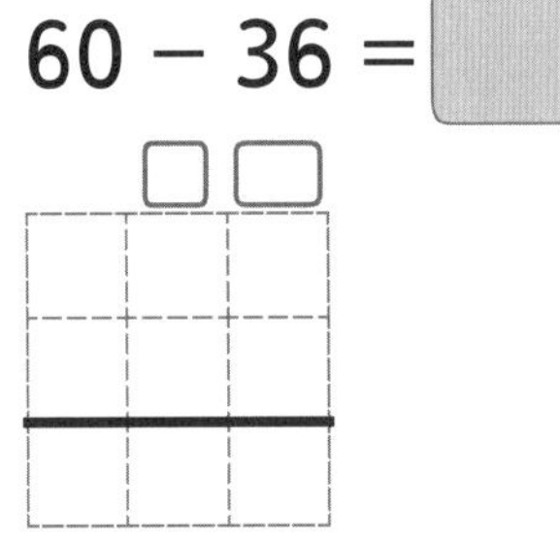

07. 72 − 46 = ☐

08. 61 − 34 = ☐

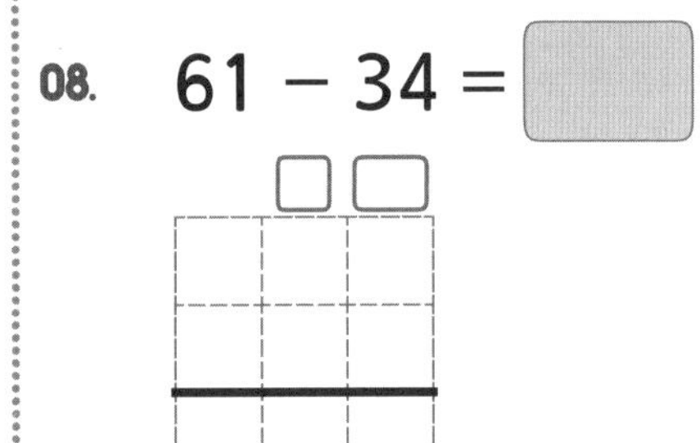

09. 83 − 29 = ☐

47 받아내림이 있는 밑으로 뺄셈 (연습1)

소리내 풀기 세로셈의 방법으로 아래 뺄셈식을 풀어보세요.

01. 35 − 18 = ☐

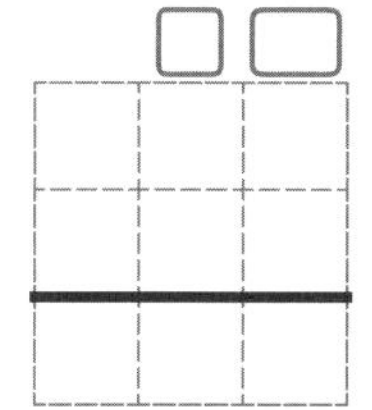

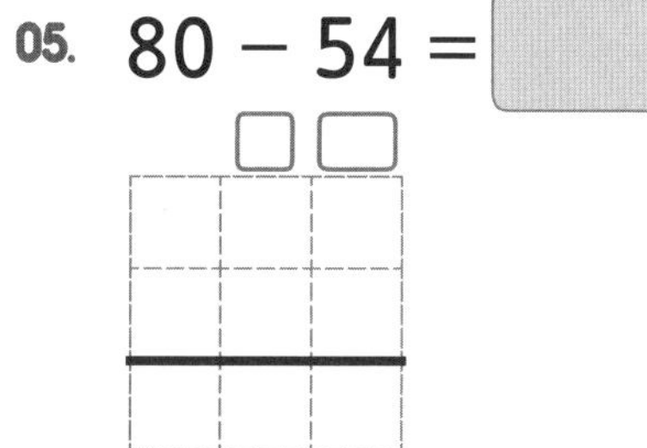

02. 56 − 27 = ☐

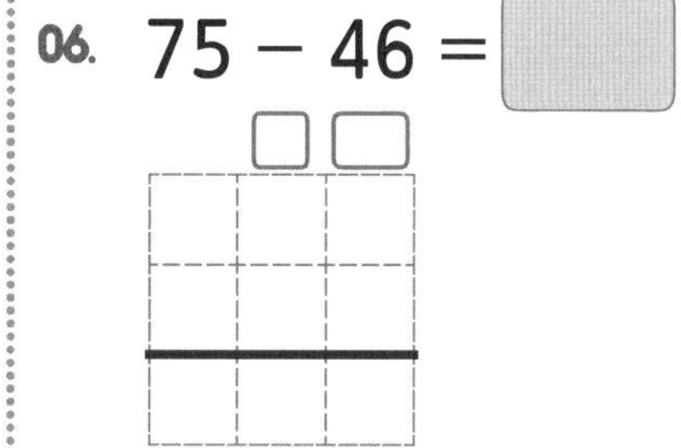

03. 74 − 56 = ☐

04. 63 − 27 = ☐

05. 80 − 54 = ☐

06. 75 − 46 = ☐

07. 62 − 28 = ☐

08. 51 − 37 = ☐

09. 94 − 36 = ☐

10. 62 − 48 = ☐

11. 85 − 17 = ☐

12. 78 − 59 = ☐

153 – 69 의 계산

① 153–69를 아래와 같이 적습니다.

	1	5	3
–		6	9

② 십의 자리에서 받아내림해서 일의 자리끼리 뺍니다.

③ 백의 자리에서 받아내림해서, 빼줍니다.

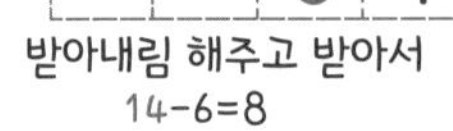

	1	5	3
–		6	9
		8	4

받아내림 해주고 받아서
14–6=8

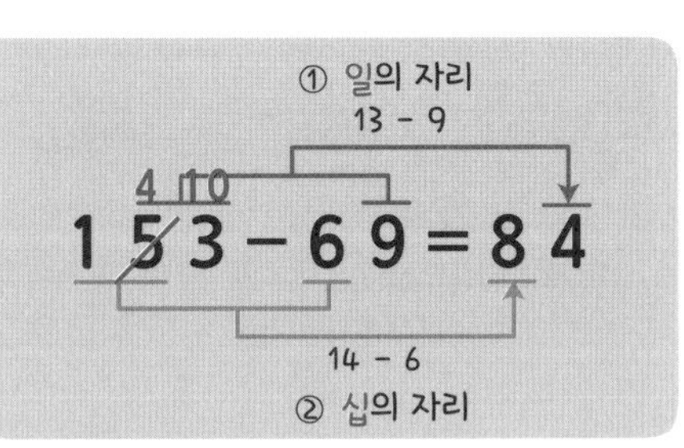

일의 자리로 10을 받아내림 해주고
백의 자리에서 10을 받아내림을 받아옵니다.

식을 밑으로 적어서 계산하고, 값을 적으세요.

01. 124 – 56 = ☐

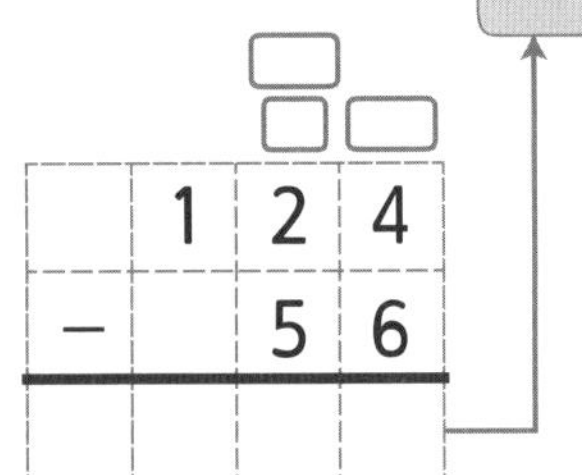

02. 132 – 73 = ☐

	1	3	2
–		7	3

03. 145 – 67 = ☐

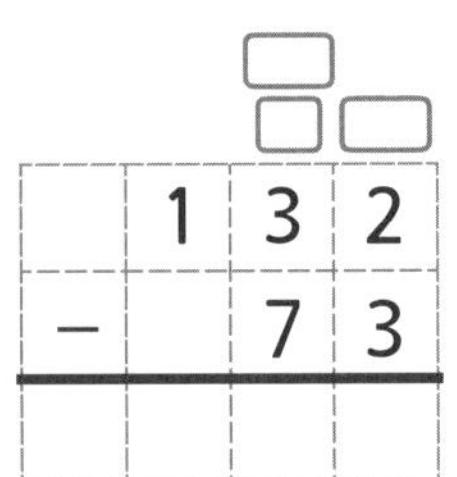

04. 111 – 48 = ☐

05. 163 – 84 = ☐

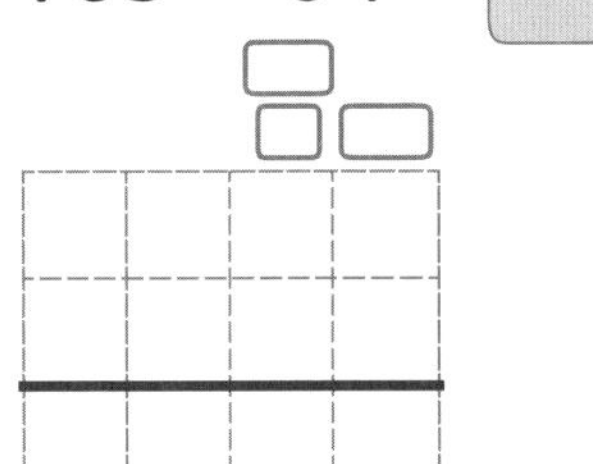

06. 150 – 76 = ☐

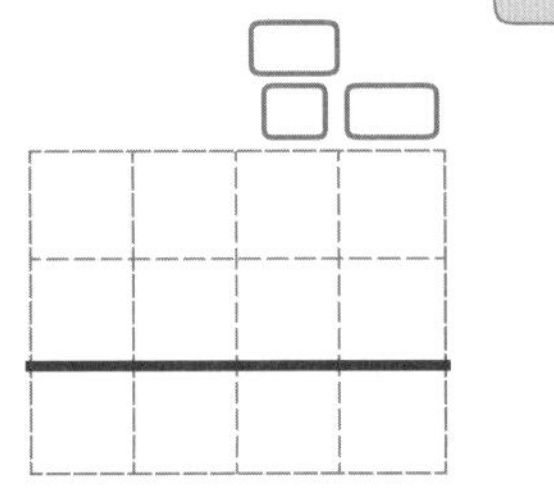

07. 132 – 35 = ☐

08. 114 – 59 = ☐

09. 146 – 68 = ☐

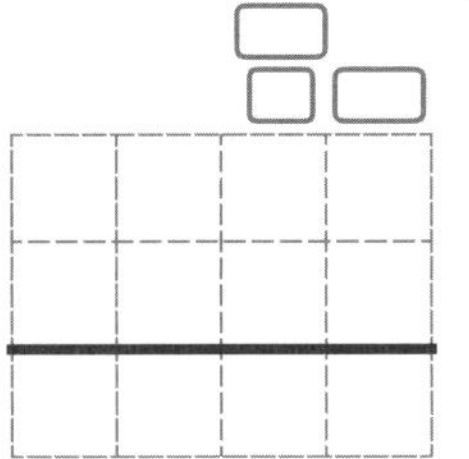

이어서 나는 ☐ 을(를) 공부/연습할거야!!

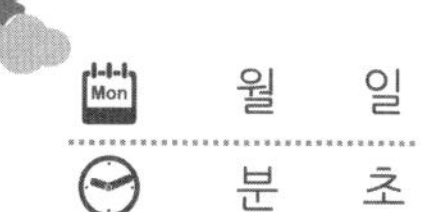

식을 밑으로 적어서 계산하고, 값을 적으세요.

01. $100 - 53 =$ ☐

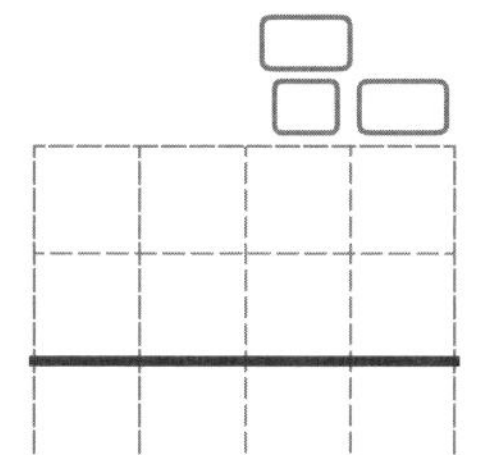

02. $105 - 67 =$ ☐

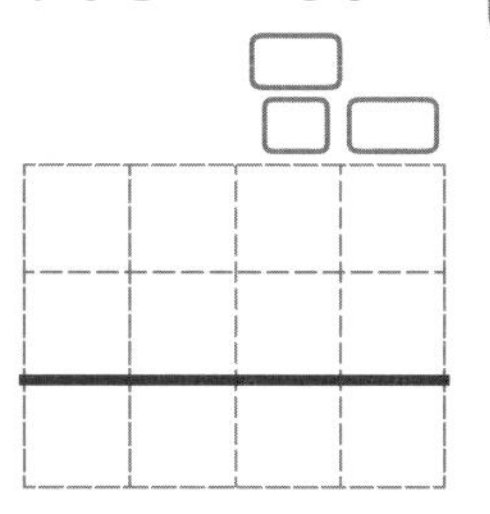

03. $121 - 42 =$ ☐

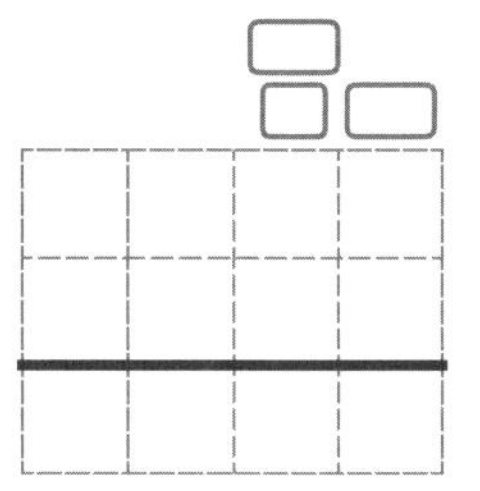

04. $112 - 34 =$ ☐

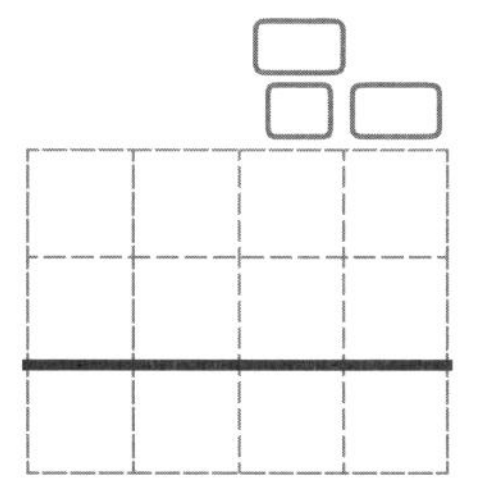

05. $134 - 76 =$ ☐

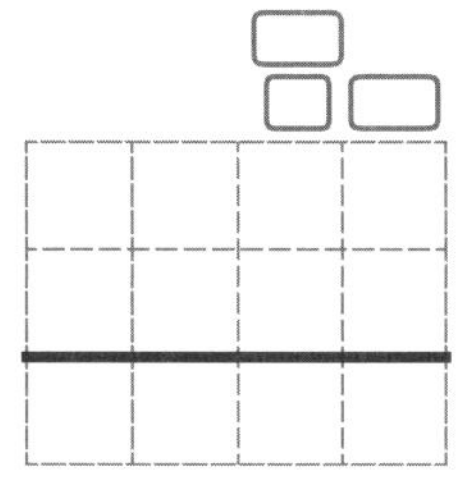

06. $112 - 56 =$ ☐

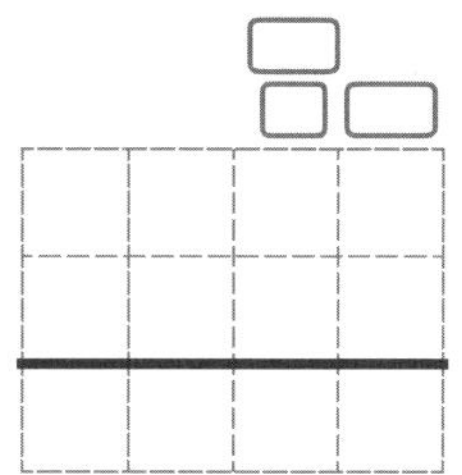

07. $134 - 75 =$ ☐

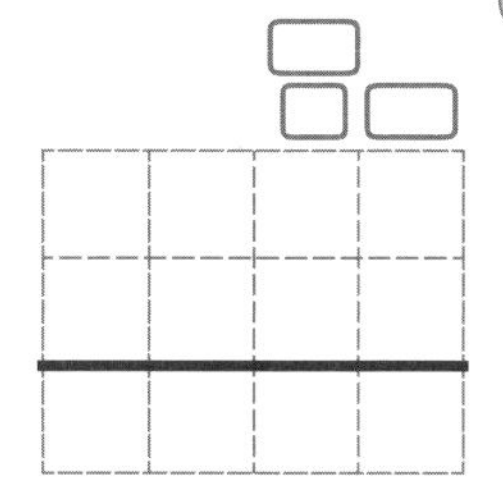

08. $143 - 97 =$ ☐

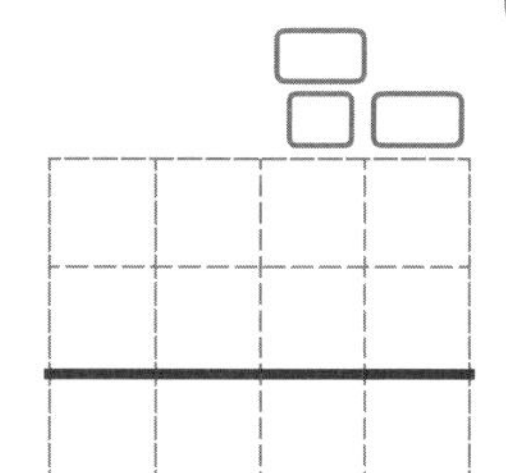

09. $125 - 69 =$ ☐

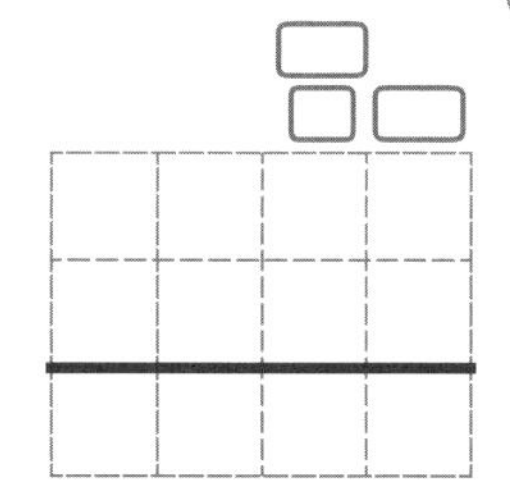

10. $150 - 83 =$ ☐

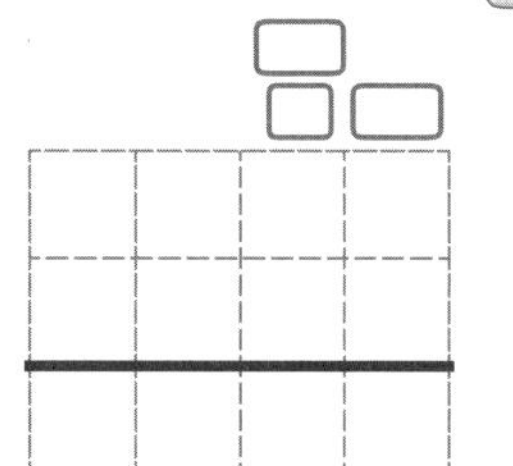

11. $165 - 68 =$ ☐

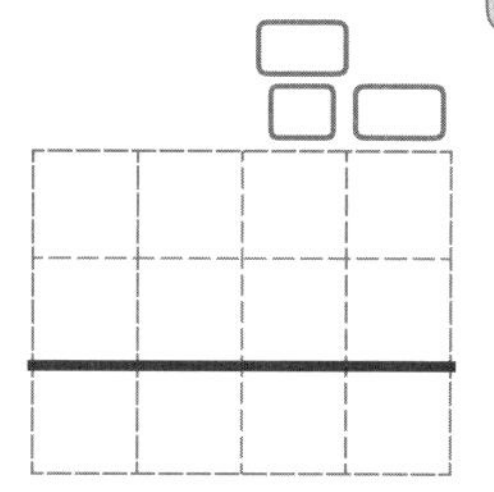

12. $148 - 59 =$ ☐

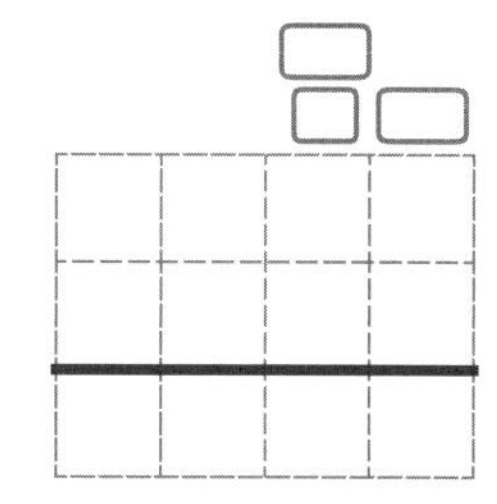

13. $156 - 77 =$ ☐

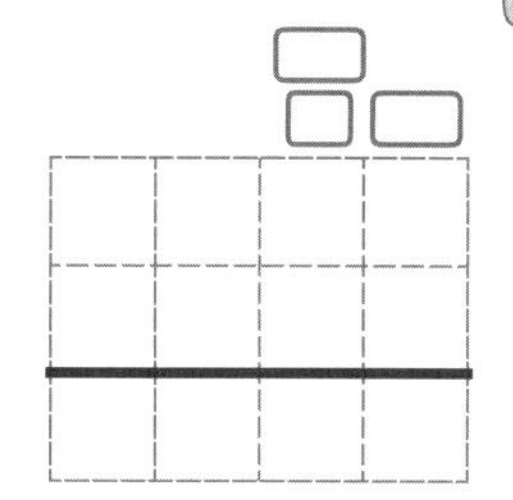

14. $172 - 85 =$ ☐

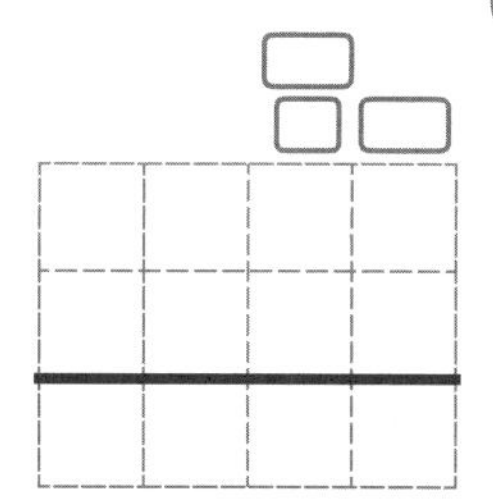

15. $134 - 96 =$ ☐

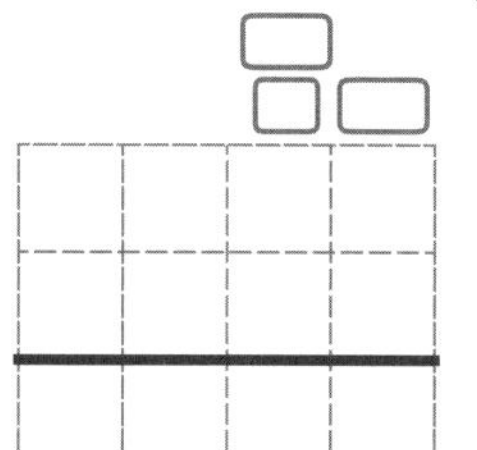

월 일
분 초

20문제 중 문제 맞았어!

소리내 풀기 계산해 보세요.

01. $43 - 15$

02. $62 - 47$

03. $51 - 33$

04. $34 - 28$

05. $70 - 42$

06. $106 - 50$

07. $114 - 43$

08. $142 - 71$

09. $138 - 64$

10. $127 - 85$

11. $102 - 45$

12. $121 - 97$

13. $155 - 86$

14. $143 - 95$

15. $134 - 79$

16. $100 - 51$

17. $133 - 78$

18. $164 - 65$

19. $152 - 76$

20. $156 - 97$

 이어서 나는 [   ] 을(를) 공부/연습할거야!!

확인 (틀린 문제의 수를 적고, 약한 부분을 보충하세요.)

회차	틀린문제수
46 회	문제
47 회	문제
48 회	문제
49 회	문제
50 회	문제

생각해보기

앞에서 배운 5회차 내용이 모두 이해 되었나요?

1. 모두 이해되고 자신있다. → 다음 회로 넘어 갑니다.

2. 2~3문제 틀릴 수는 있겠지만 거의 이해한다.
   → 개념부분을 한번 더 읽고 다음 회로 넘어 갑니다.

3. 잘 모르는 것 같다.
   → 개념부분과 틀린문제를 한번 더 보고 다음 회로 넘어 갑니다.

틀린 문제가 있었다면 왜 틀렸을거라고 생각합니까?

1. 개념 설명이 어려워서 잘 모르겠다. 2. 다 아는데 실수한 것 같다.

3. 빨리 끝내고 싶어서 집중할 수가 없다. 4. 하기 싫어서....

오답노트 (앞에서 틀린 문제나 기억하고 싶은 문제를 적습니다.)

회 번	
문제	풀이

회 번	
문제	풀이

회 번	
문제	풀이

회 번	
문제	풀이

회 번	
문제	풀이

51 단위길이로 길이재기

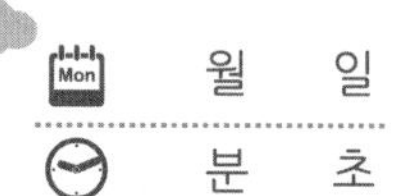

월 일

분 초

한 뼘, 양팔의 길이, 한 걸음의 거리와 같이 어떤 길이를 재는 데 기준이 되는 길이를 단위길이라고 합니다.

연필의 길이를

건전지로 재면 2번 재야하고,

사탕으로 재면 3번 재야합니다.

※ 길이를 잴 때는 한쪽 끝을 맞춰서 다른 쪽 끝을 비교합니다.

단위길이가 길수록 재어 나타낸 수는 작고,

단위길이가 짧을수록 재어 나타낸 수는 큽니다.

건전지는 길어서 2번만 재도 연필의 길이와 같고, 사탕은 3번을 재야 같습니다. 그러므로 단위길이가 길수록 작게 잴 수있습니다.

아래는 길이재기를 설명한 것입니다. 빈칸에 알맞은 말을 적으세요. (다 적은 후 2번 더 읽어보세요.)

01. 길이를 재는 방법은 막대, 끈, 줄을 이용하여 표시를 한 후 한쪽 끝을 맞춰 비교하는 방법과 한 뼘, 양팔의 길이등 우리몸을 이용하여 잴 수 있습니다. 이 것과 같이 길이를 재는 데 기준이 되는 길이를 [　　　] 라고 하고, 이 단위길이를 이용하여 길이를 재면, 길이를 숫자로 간편하게 나타낼 수 있습니다.

02. 단위길이가 길면, 재려는 물건을 적게 재도 되므로, 나타낸 수가 [　　　]. 단위길이가 짧으면 재려는 물건을 많이 재야하므로 나타낸 수가 [　　　].

('작습니다.' '큽니다.' 중에서 고르세요.)

03. 여러가지 단위길이로 같은 물건의 길이를 재면, 나타내는 수가 각각 [　　　]. 단위길이를 사람마다 다르게 하면, 그 길이가 모두 달라 정확히 알 수 [　　　]. 따라서, 단위길이를 같은 것으로 재면 길이를 비교하기 쉽습니다. ('같습니다.' '다릅니다.' '있습니다.' '없습니다.' 중에서 고르세요.)

소리내 풀기

위에서 배운 내용을 생각하여, 아래의 □에 알맞은 수를 적으세요.

04. 막대의 길이는 발걸음을 단위길이로 하여 [　] 번 잰것과 같습니다.

05. 막대의 길이는 단위 길이의 몇 배입니까?
→ 몇 번 잰것과 같습니까?

→단위길이

[　] 배

[　] 배

06. 막대의 길이는 다음 단위 길이의 몇 배입니까?

[　] 배

[　] 배

[　] 배

※ 어떤 단위길이로 재느냐에 따라 나타내는 수가 다릅니다.

 이어서 나는 [　　] 을(를) 공부/연습할거야!!

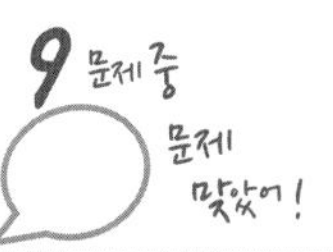

52 1cm (센티미터)

자를 이용하여 길이를 잴 수 있습니다. 자의 1칸은 1cm(센티미터) 입니다.

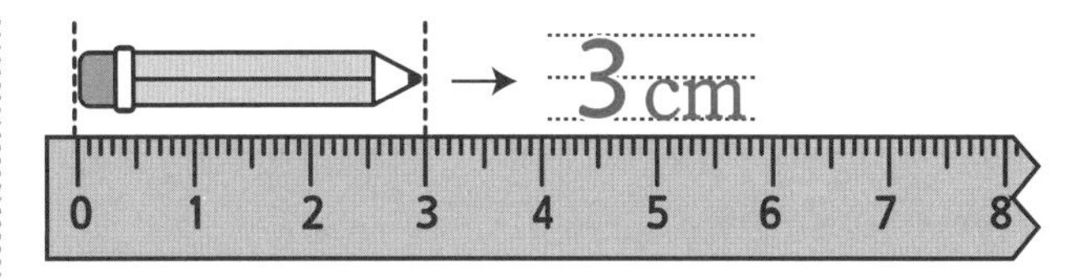

자에서 큰 눈금 한 칸의 길이는 모두 같고, 이 길이를 **1 센티미터**라고 하고, **1 cm**로 나타냅니다.

0에 맞추고 재면 편하지만, 맞추지 않았을때는 **1 cm**가 1칸이면 **1 cm**, 2칸이면 **2 cm**, 3칸이면 **3 cm** 입니다.

아래는 길이재기를 설명한 것입니다. 빈칸에 알맞은 말을 적으세요. (다 적은 후 2번 더 읽어보세요.)

01. 1 센티미터를 바르게 3번 써 보세요.

1cm

02. 자로 길이를 재려면, ① 자와 물건을 나란히 놓습니다.

② 물건을 한쪽 끝에 자의 눈금 [ ]에 맞춥니다.

③ 물건의 다른 쪽 [ ]이 가리키는 눈금을 읽습니다.
(0,1 / 처음, 끝 중 적으세요.)

03. 한쪽 끝이 자의 0에 맞지 않더라도 1cm가 몇 번(칸) 있는지 알면 몇 센티미터인지 알 수 있습니다. 1cm에서 시작하여 3cm에 있는 물건은 1cm가 2칸이므로 [ ]cm입니다.

04. 뼘, 양팔, 걸음 등으로 길이를 재면 사람마다 길이가 달라 정확히 알 수 [ ], 단위길이를 1cm로 하면 항상 같은 수로 나타낼 수 있어서 길이를 정확하게 알 수 [ ]
(있지만, 없지만 / 있습니다. 없습니다. 중 적으세요.)

아래 물건이 몇 cm인지 [ ]에 적으세요.

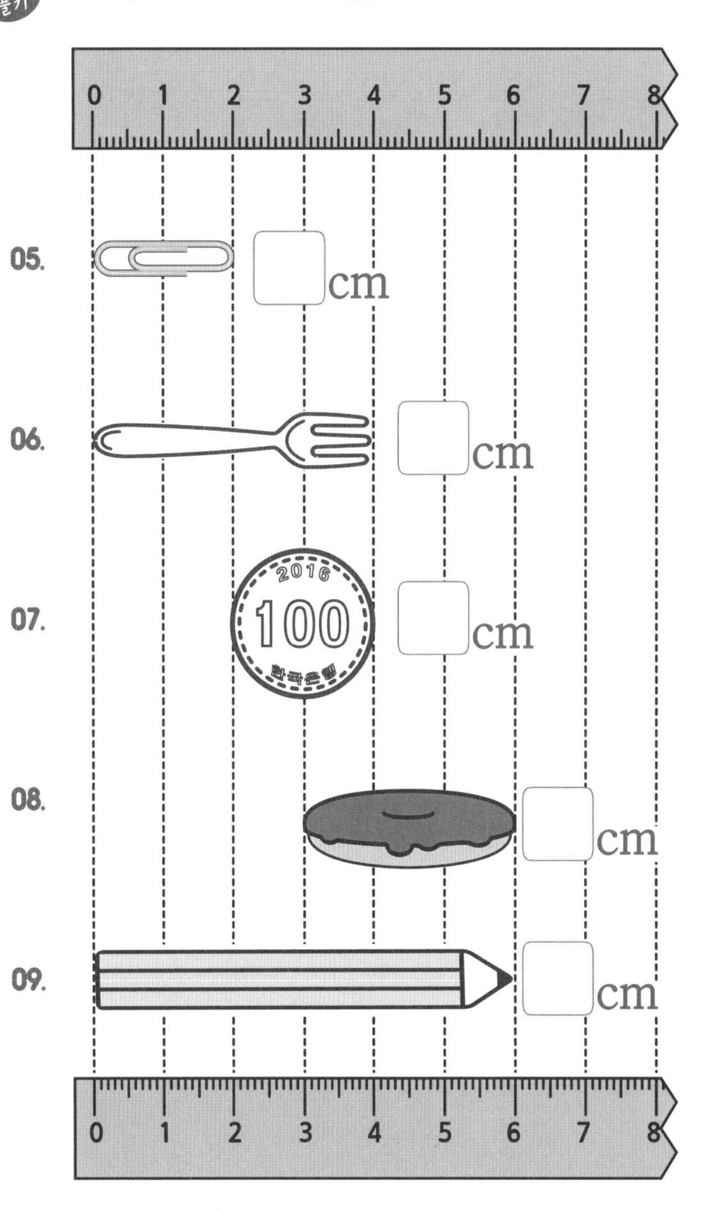

※ 어떤 단위길이로 재느냐에 따라 나타내는 수가 다릅니다.

이어서 나는 [ ] 을(를) 공부/연습할거야!!

53 분류하기

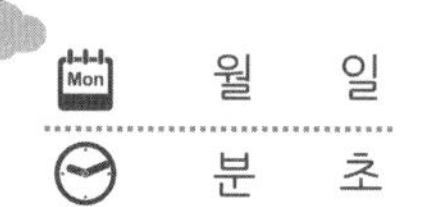

종류에 따라서 가르는 것을 분류한다고 합니다.

종류에 따라 분류하기

과일 : 

빵 :

분류하기는
종류, 모양, 색깔등으로
분류할 수 있습니다.

분류한 결과를 표로 만들기

좋아 하는것

아버지	어머니	나	동생

좋아 하는 것	(바나나)	(컵케이크)	(수박)
사람 수	1	2	1

우리 가족 중 가장 많은 사람이 좋아하는 것은 (컵케이크) 입니다.

아래 문제를 풀어보세요.

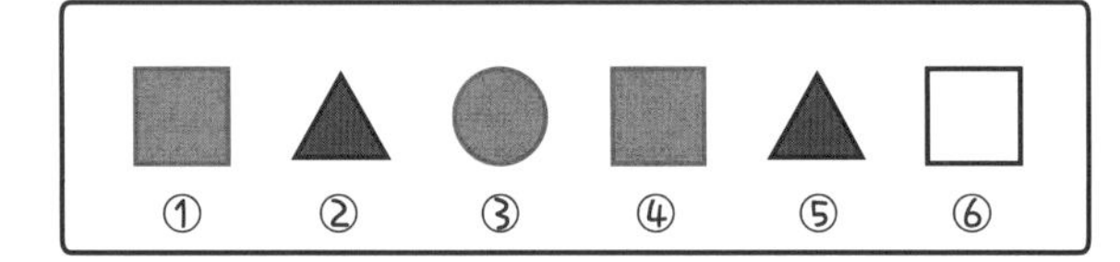

01. 위의 도형을 모양에 따라 분류해 보세요.

□ 모양 : ① ④ ⑥

△ 모양 :

○ 모양 :

02. 모양으로 분류한 것을 표로 나타내 보세요.

모양	□	△	○
수 (개)			

03. 위의 도형을 색깔에 따라 분류해 보세요.

주황색 : 흰색 : 검정색 :

04. 색깔로 분류한 것을 표로 만들어 보세요.

수 (개)			

아래는 우리 모둠 친구들이 가장 좋아하는 동물을 조사한 것입니다. 물음에 답하세요.

강아지	호랑이	호랑이	강아지	곰
곰	고양이	강아지	호랑이	강아지

05. 조사한 것을 표로 만들어 보세요.

동물	강아지	고양이	호랑이	곰
수 (개)				

06. 우리 모둠 친구들은 모두 몇 명일까요?

07. 우리 모둠 친구들이 좋아하는 동물은 ☐ 종류 입니다

08. 친구들이 가장 많이 좋아하는 동물은 ☐ 이고,

2번째로 많이 좋아하는 동물은 ☐ 입니다.

09. 이렇게 정한 기준에 따라 ☐ 하고 ☐ 를 만들면,

원하는 결과를 수로 표시하게 되어, 구하고자 하는 결과를

쉽게 볼 수 있습니다.

 이어서 나는 ☐ 을(를) 공부/연습할거야!!

54 계산연습 (1)

월 일
분 초

6문제 중 문제 맞았어!

같은 색 네모안의 두 수를 더하면 ◯안의 수가 됩니다. ◯와 ▭안에 들어갈 수를 적으세요.

01.

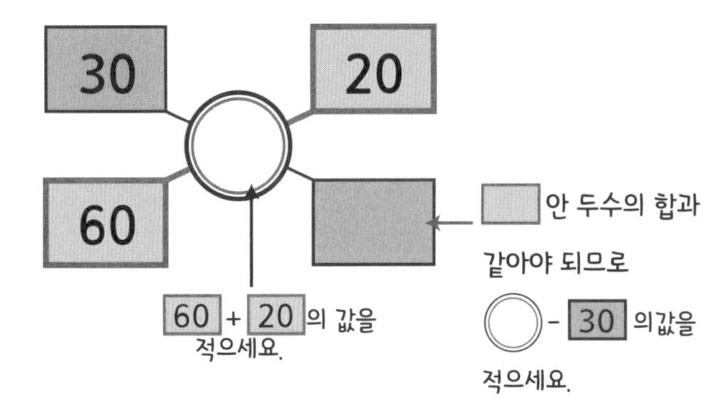

02.

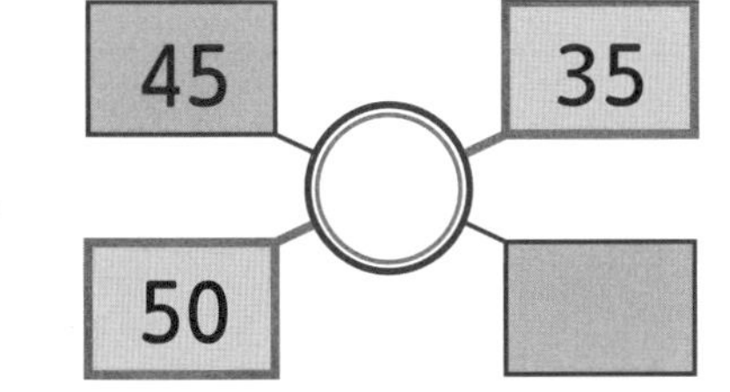

03.

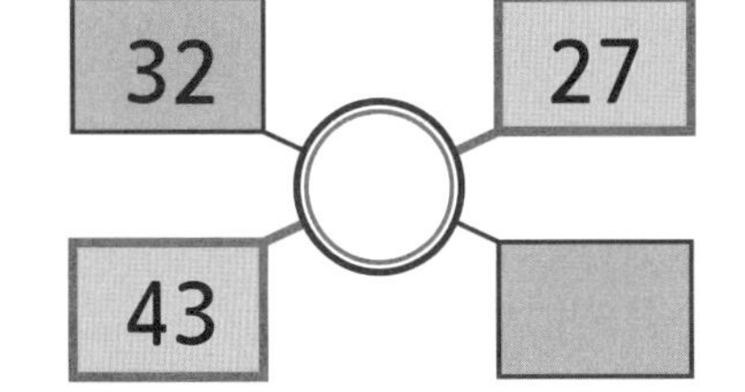

04.

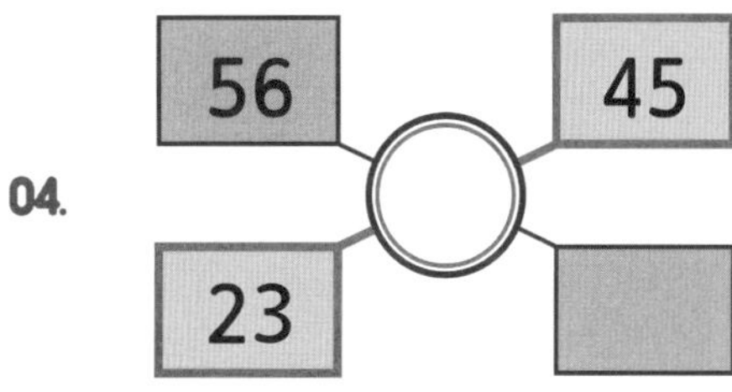

05.

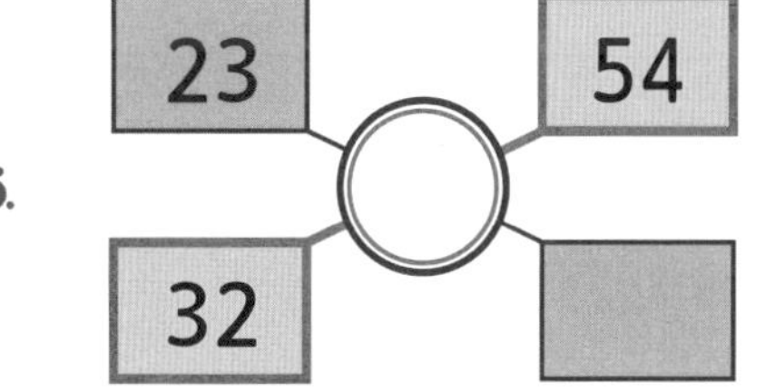

06.

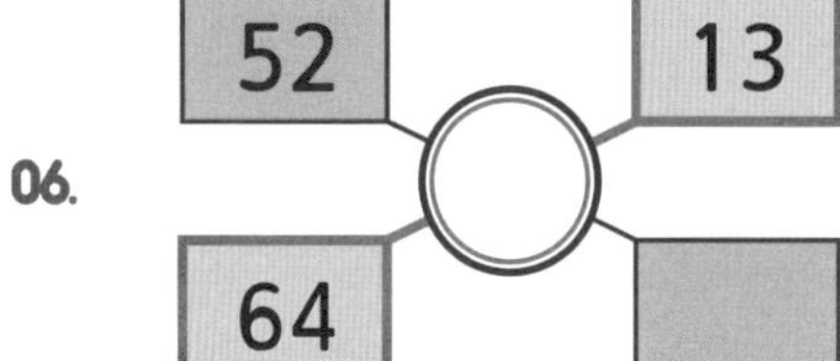

55 계산연습 (2)

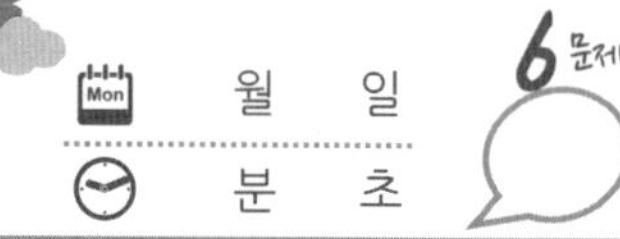

월 일
분 초

6문제 중 문제 맞았

보기와 같이 옆의 두 수를 계산해서 옆에 적고, 밑의 두 수를 계산해서 밑에 적으세요.

01.

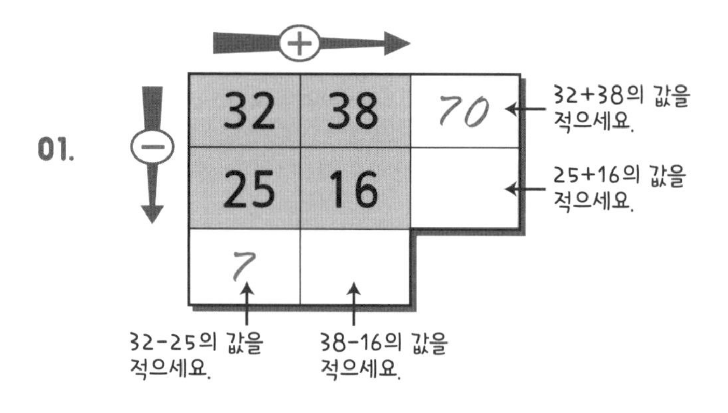

02.

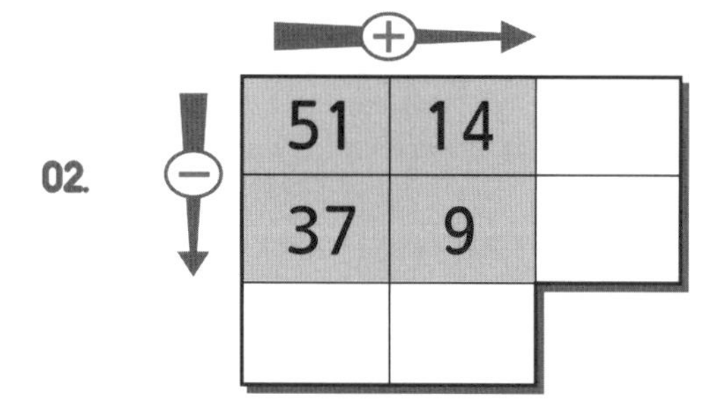

03.

63	35	
36	27	

04.

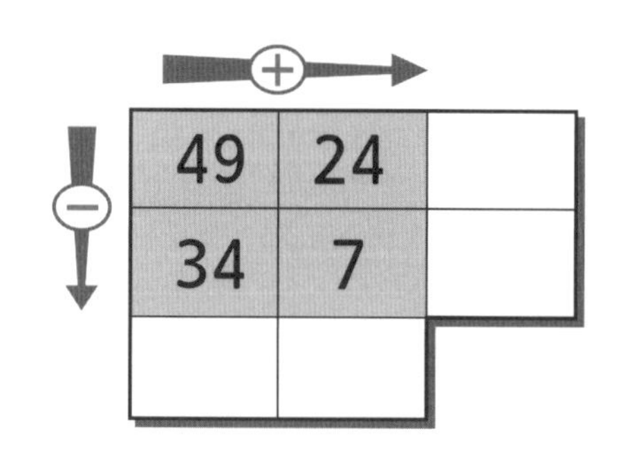

05.

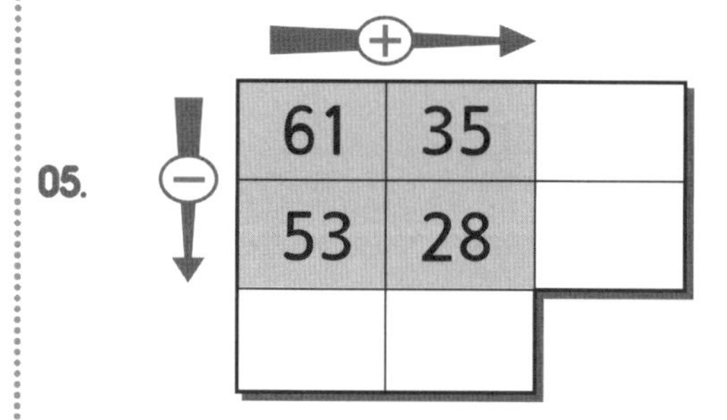

06.

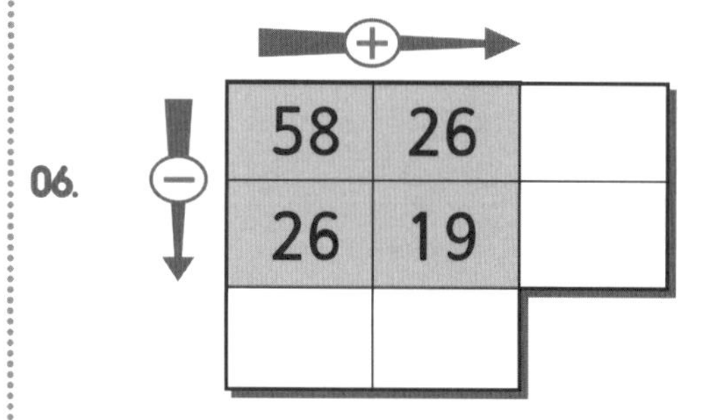

이어서 나는 ______ 을(를) 공부/연습할거야!!

확인 (틀린 문제의 수를 적고, 약한 부분을 보충하세요.)

회차	틀린문제수
51 회	문제
52 회	문제
53 회	문제
54 회	문제
55 회	문제

생각해보기

앞에서 배운 5회차 내용이 모두 이해 되었나요?

1. 모두 이해되고 자신있다. → 다음 회로 넘어 갑니다.

2. 2~3문제 틀릴 수는 있겠지만 거의 이해한다.
→ 개념부분을 한번 더 읽고 다음 회로 넘어 갑니다.

3. 잘 모르는 것 같다.
→ 개념부분과 틀린문제를 한번 더 보고 다음 회로 넘어 갑니다.

틀린 문제가 있었다면 왜 틀렸을거라고 생각합니까?

1. 개념 설명이 어려워서 잘 모르겠다. 2. 다 아는데 실수한 것 같다.

3. 빨리 끝내고 싶어서 집중할 수가 없다. 4. 하기 싫어서....

오답노트 (앞에서 틀린 문제나 기억하고 싶은 문제를 적습니다.)

회 번	
문제	풀이

회 번	
문제	풀이

회 번	
문제	풀이

회 번	
문제	풀이

회 번	
문제	풀이

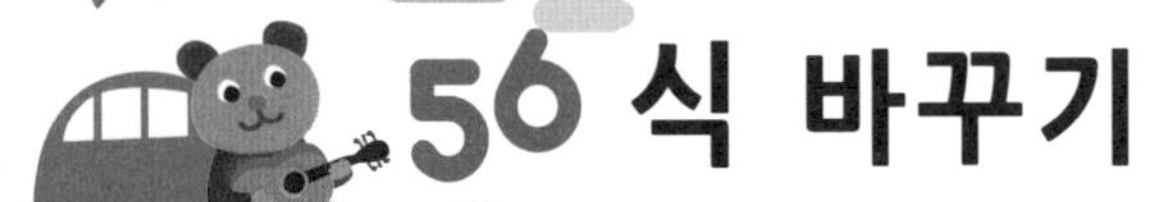

56 식 바꾸기

월 일

분 초

12 문제 중 문제 맞음

덧셈식은 **뺄셈식**으로 바꿀 수 있습니다.

$21 + 3 = 24$

$24 - 3 = 21$ $24 - 21 = 3$

21 + 3 = 24 / 24 − 3 = 21   21 + 3 = 24 / 24 − 21 = 3

※ 제일 큰 수에서 **작은 수**를 빼면 **다른 작은 수**가 됩니다.

뺄셈식도 **덧셈식**으로 바꿀 수 있습니다.

$15 - 3 = 12$

$12 + 3 = 15$ $3 + 12 = 15$

15 − 3 = 12 / 12 + 3 = 15   15 − 3 = 12 / 3 + 12 = 15

※ **작은 두 수**를 합하면 제일 큰 수가 됩니다.

빈칸에 알맞은 수를 넣으세요.

01. 30 + 50 = 80
80 − 50 = □
80 − 30 = □

05. 56 + 27 = 83
83 − 27 = □
83 − □ = □

09. 35 − 18 = 17
□ + 18 = □
□ + 17 = □

02. 25 + 35 = 60
□ − 35 = □
□ − 25 = □

06. 68 + 32 = 100
□ − 32 = □
□ − □ = 32

10. 74 − 36 = 38
□ + 36 = □
36 + □ = □

03. 47 + 18 = 65
□ − 18 = □
□ − 47 = □

07. 70 − 40 = 30
30 + 40 = □
40 + 30 = □

11. 63 − 19 = 44
□ + 19 = □
□ + 44 = □

04. 19 + 37 = 56
□ − 37 = □
56 − □ = □

08. 57 − 23 = 34
□ + 23 = □
□ + 34 = □

12. 100 − 35 = 65
□ + 35 = □
35 + □ = □

아래의 보기와 같이 덧셈식은 뺄셈식으로, 뺄셈식은 덧셈식으로 바꿔보세요.

보기 $10 + 20 = 30$

식1) $30 - 20 = 10$

식2) $30 - 10 = 20$

01. $15 + 24 = 39$

식1) ________

식2) ________

02. $23 + 12 = 35$

식1) ________

식2) ________

03. $36 + 24 = 60$

식1) ________

식2) ________

04. $47 + 35 = 82$

식1) ________

식2) ________

05. $48 + 27 = 75$

식1) ________

식2) ________

06. $56 + 44 = 100$

식1) ________

식2) ________

보기 $50 - 20 = 30$

식1) $30 + 20 = 50$

식2) $20 + 30 = 50$

07. $36 - 12 = 24$

식1) ________

식2) ________

08. $45 - 31 = 14$

식1) ________

식2) ________

09. $53 - 13 = 40$

식1) ________

식2) ________

10. $71 - 24 = 47$

식1) ________

식2) ________

11. $62 - 34 = 28$

식1) ________

식2) ________

12. $97 - 59 = 38$

식1) ________

식2) ________

13. $100 - 68 = 32$

식1) ________

식2) ________

58 식 바꾸기 (연습2)

아래의 보기와 같이 네모 안 3개의 수로 덧셈식 2개와 뺄셈식 2개를 만들어 보세요.

보기 | 20 15 35 |

덧셈식1) 20 + 15 = 35

덧셈식2) 15 + 20 = 35

뺄셈식1) 35 − 20 = 15

뺄셈식2) 35 − 15 = 20

01. | 10 30 20 |

덧셈식1) 20 + =

덧셈식2) + 20 =

뺄셈식1) − 20 =

뺄셈식2) − = 20

02. | 63 20 43 |

덧셈식1) 20 + =

덧셈식2) + 20 =

뺄셈식1) − 20 =

뺄셈식2) − = 20

03. | 13 60 47 |

덧셈식1) 13 + =

덧셈식2) + 13 =

뺄셈식1) − 13 =

뺄셈식2) − = 13

04. | 12 45 33 |

덧셈식1) + = 45

덧셈식2) + = 45

뺄셈식1) 45 − =

뺄셈식2) 45 − =

05. | 47 17 30 |

덧셈식1) + =

덧셈식2) + =

뺄셈식1) − =

뺄셈식2) − =

06. | 21 35 56 |

덧셈식1) + =

덧셈식2) + =

뺄셈식1) − =

뺄셈식2) − =

07. | 37 79 42 |

덧셈식1) + =

덧셈식2) + =

뺄셈식1) − =

뺄셈식2) − =

내가 수 3개를 정해서 식을 만들어 봅니다.

08. | ___ ___ ___ |

덧셈식1) + =

덧셈식2) + =

뺄셈식1) − =

뺄셈식2) − =

 이어서 나는 (　　　) 을(를) 공부/연습할거야!!

59 □로 식 만들기 (덧셈식)

소리내 읽기

사과가 **5**개 있었는데 몇 개를 더 사와서 모두 **9**개가 되었습니다.

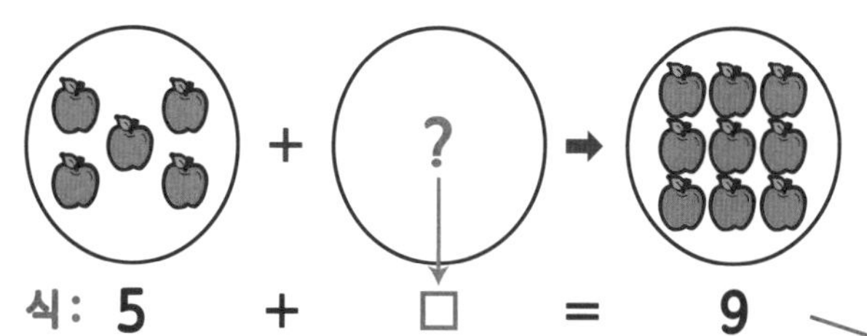

식 : 5 + □ = 9

합하다, 더하다, 사다와 같이 늘어나는 뜻의 말이 있으면, **덧셈식**으로 나타냅니다.

수직선으로 □의 값 구하기

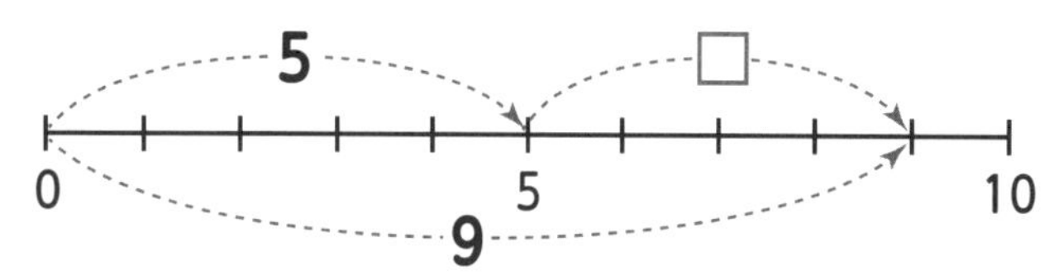

5에서 **9**가 되려면 오른쪽으로 **4**칸을 더 가야합니다. □ = 4

덧셈식으로 □의 값 구하기 (식바꾸기로 값구하기)

5 + □ = 9 → 9 − 5 = □ (□ = 9 − 5 = 4)

소리내 풀기

□를 사용하여 식을 만들고 값을 구하세요.

01. 6개에서 몇 개를 더했더니 9개가 되었습니다.

02. 5개에서 몇 개를 더 샀더니 14개가 되었습니다.

식 :

값 :

03. 17개에서 몇 개를 합하니 23가 되었습니다.

식 :

값 :

04.

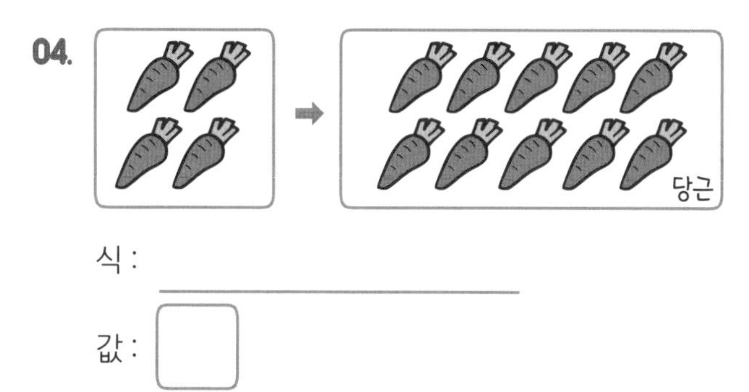

식 :

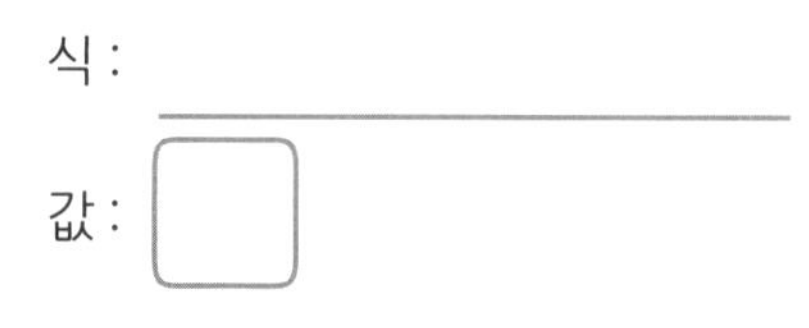

값 :

05.

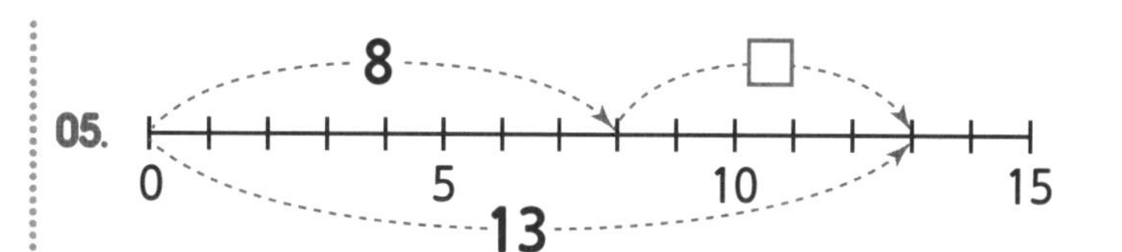

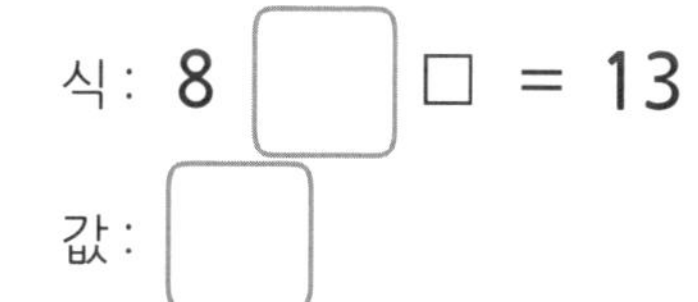

값 :

06.

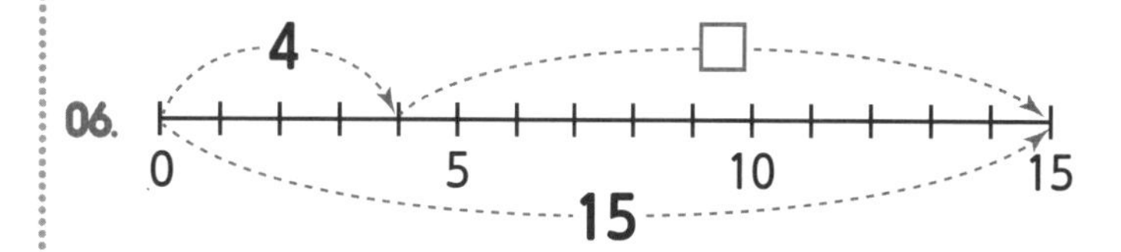

식 :

값 :

07.

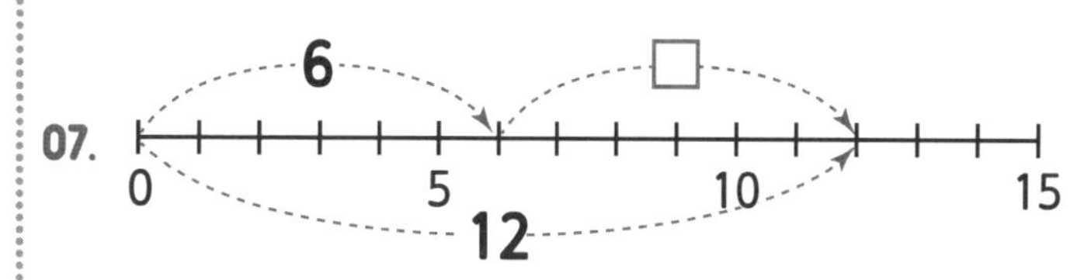

식 :

값 :

※ 5 + □ = 7 → □ = 7 − 5 와 같이 식 바꾸기를 하면 값을 구할 수 있습니다.

월 일 분 초 7 문제 중 문제 맞았어

사탕이 6개 있었는데 몇 개를 먹었더니 모두 2개가 되었습니다.

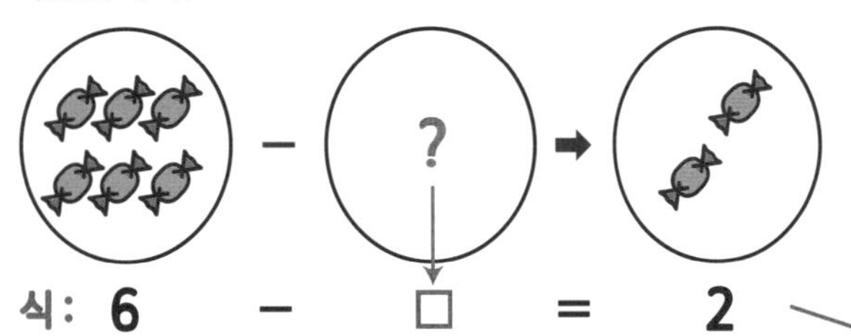

식 : 6 − □ = 2

빼다, 주다, 잃어버리다, 먹다와 같이 줄어드는 뜻의 말이 있으면, 뺄셈식으로 나타냅니다.

수직선으로 □의 값 구하기

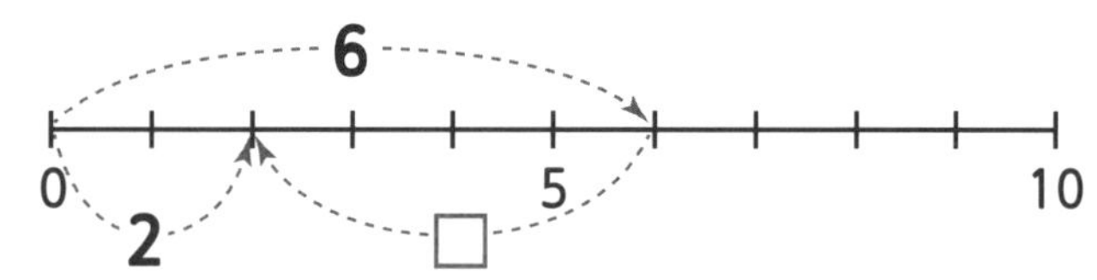

6에서 2가 되려면 왼쪽으로 4칸을 더 가야합니다. □ = 4

뺄셈식으로 □의 값 구하기 (식바꾸기로 값구하기)

6 − □ = 2 → 6 − 2 = □ (□ = 6 − 2 = 4)

□를 사용하여 식을 만들고 값을 구하세요.

01. 9개에서 몇 개를 친구에게 주었더니 2개가 되었습니다.

식 : 9 ☐ □ = 2

값 : ☐

02. 15개에서 몇 개를 잃어버려서 8개가 되었습니다.

식 : ________

값 : ☐

03. 26개에서 몇 개를 빼니 19가 되었습니다.

식 : ________

값 : ☐

04.

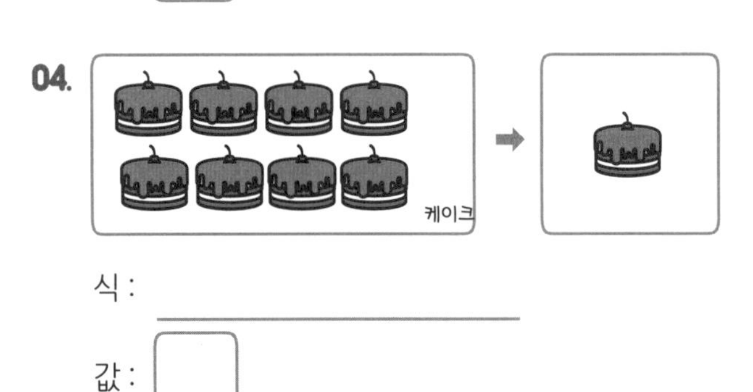

식 : ________

값 : ☐

05.

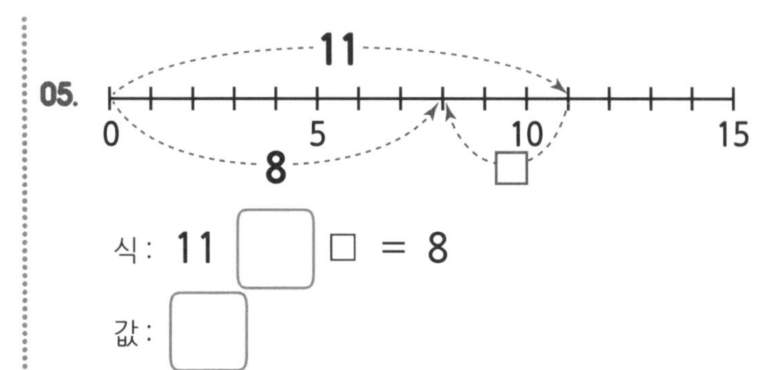

식 : 11 ☐ □ = 8

값 : ☐

06.

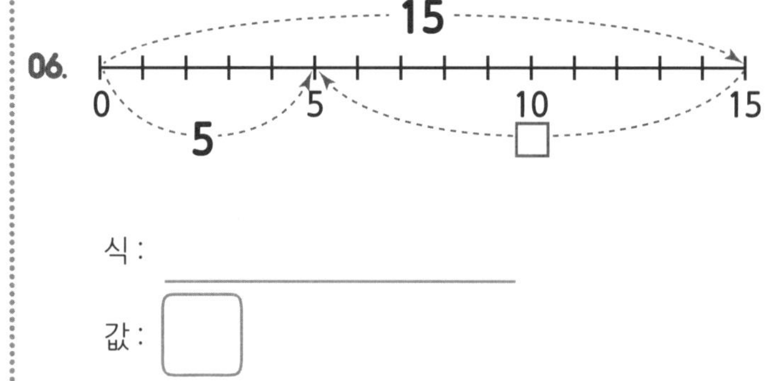

식 : ________

값 : ☐

07.

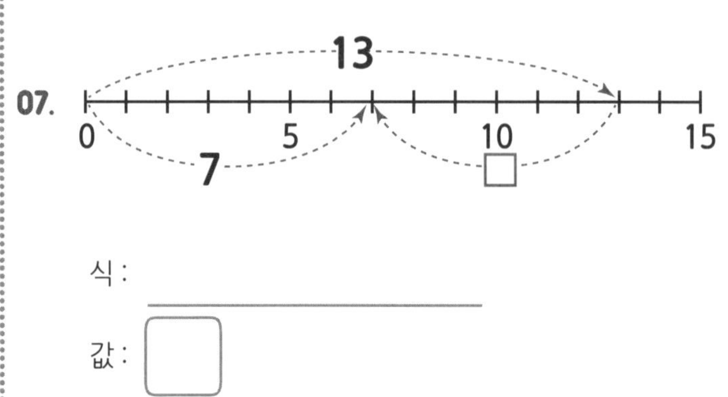

식 : ________

값 : ☐

※ 9 − □ = 7 → □ = 9 − 7 와 같이 식 바꾸기를 하면 값을 구할 수 있습니다.

확인 (틀린 문제의 수를 적고, 약한 부분을 보충하세요.)

회차	틀린문제수
56 회	문제
57 회	문제
58 회	문제
59 회	문제
60 회	문제

생각해보기

앞에서 배운 5회차 내용이 모두 이해 되었나요?

1. 모두 이해되고 자신있다. → 다음 회로 넘어 갑니다.

2. 2~3문제 틀릴 수는 있겠지만 거의 이해한다.
   → 개념부분을 한번 더 읽고 다음 회로 넘어 갑니다.

3. 잘 모르는 것 같다.
   → 개념부분과 틀린문제를 한번 더 보고 다음 회로 넘어 갑니다.

틀린 문제가 있었다면 왜 틀렸을거라고 생각합니까?

1. 개념 설명이 어려워서 잘 모르겠다. 2. 다 아는데 실수한 것 같다.

3. 빨리 끝내고 싶어서 집중할 수가 없다. 4. 하기 싫어서....

오답노트 (앞에서 틀린 문제나 기억하고 싶은 문제를 적습니다.)

회 번

문제	풀이

회 번

문제	풀이

회 번

문제	풀이

회 번

문제	풀이

회 번

문제	풀이

61 수 3개의 계산 (++)

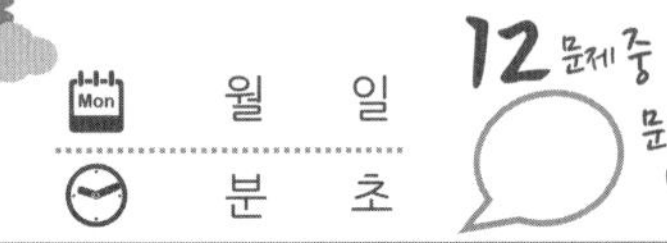

14 + 6 + 3 의 계산

사과 14개에서 사과 6개를 더하면 사과 20개가 되고,

20개에서 3개를 더 더하면 사과는 23개가 됩니다.

이 것을 식으로 14+6+3=23이라고 씁니다.

14+6+3의 계산은 처음 두개 14+6을 먼저 계산하고,

그 값에 뒤에 있는 +3을 계산합니다.

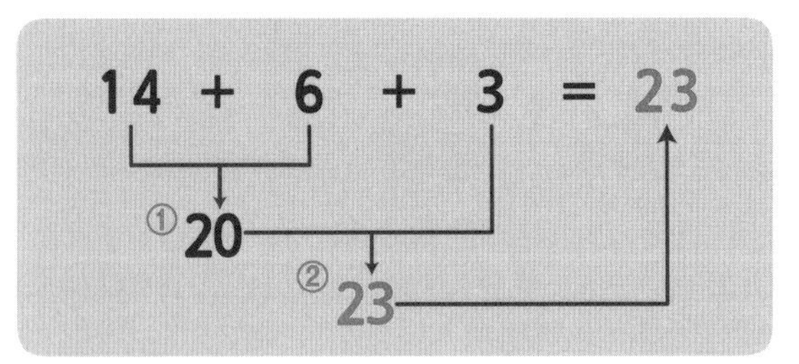

※ 덧셈만 있는 식은 순서에 관계없이 뒤에 것부터 계산해도 됩니다.

위의 방법대로 계산하여 값을 구하세요.

01. 15 + 8 + 4 = ☐
① 23
②

02. 31 + 6 + 7 = ☐
①
②

03. 43 + 5 + 8 = ☐
①
②

04. 26 + 4 + 6 = ☐
①
②

05. 7 + 24 + 9 = ☐
①
②

06. 8 + 17 + 6 = ☐
①
②

07. 6 + 8 + 37 = ☐
①
②

08. 9 + 7 + 46 = ☐
①
②

09. 36 + 5 + 4 = ☐

$$\begin{array}{r} 36 \\ +\ \ 5 \\ \hline ① \end{array} \qquad \begin{array}{r} \square \\ +\ \ 4 \\ \hline ② \end{array}$$

10. 25 + 6 + 9 = ☐

$$\begin{array}{r} 25 \\ +\ \ 6 \\ \hline ① \end{array} \qquad \begin{array}{r} \square \\ +\ \ 9 \\ \hline ② \end{array}$$

11. 9 + 47 + 8 = ☐

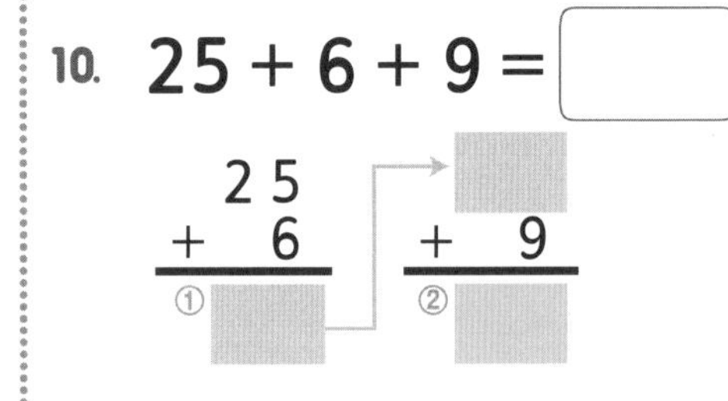

$$\begin{array}{r} 9 \\ +47 \\ \hline ① \end{array} \qquad \begin{array}{r} \square \\ +\ \ 8 \\ \hline ② \end{array}$$

12. 7 + 28 + 6 = ☐

$$\begin{array}{r} 7 \\ +28 \\ \hline ① \end{array} \qquad \begin{array}{r} \square \\ +\ \ 6 \\ \hline ② \end{array}$$

 이어서 나는 ☐ 을(를) 공부/연습할거야!!

62 수 3개의 계산 (+-)

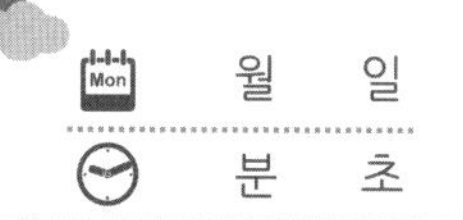

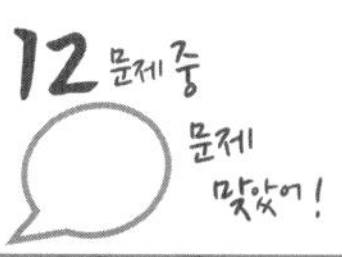

14 + 6 − 3 의 계산

사과 14개에서 사과 6개를 더하면 사과 20개가 되고,
20개에서 3개를 먹으면 사과는 17개가 됩니다.
이 것을 식으로 14+6−3=17 이라고 씁니다.
14+6−3 의 계산은 처음 두개 14+6을 먼저 계산하고,
그 값에 뒤에 있는 −3을 계산합니다.

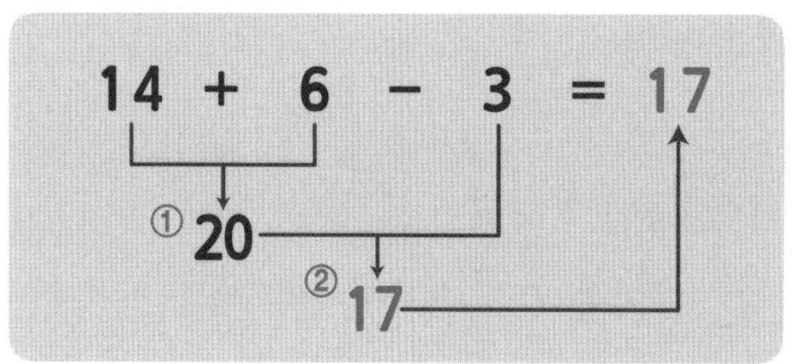

※ 여러 개의 식이 붙어 있으면, 처음부터 한개 한개 계산합니다.

앞에서 순서대로 계산하여 값을 구하세요.

01. 24 + 3 − 9 = ☐

02. 45 + 8 − 5 = ☐

03. 32 + 4 − 7 = ☐

04. 18 + 5 − 6 = ☐

05. 5 + 18 − 3 = ☐

06. 9 + 27 − 8 = ☐

07. 7 + 43 − 9 = ☐

08. 8 + 34 − 7 = ☐

09. 4 + 23 − 8 = ☐

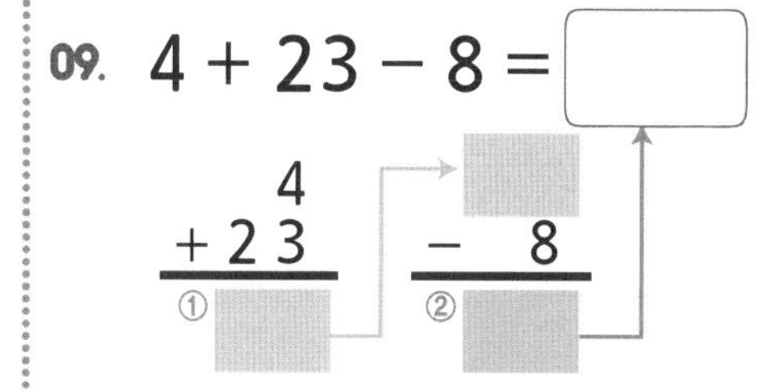

10. 5 + 12 − 9 = ☐

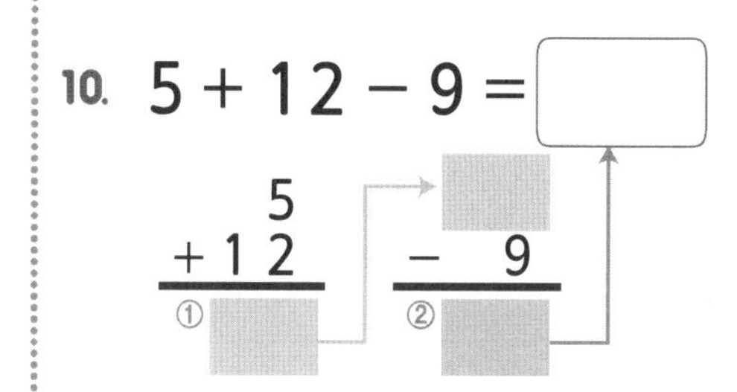

11. 42 + 9 − 5 = ☐

4 2
+ 9
①
− 5
②

12. 35 + 6 − 4 = ☐

3 5
+ 6
①
− 4
②

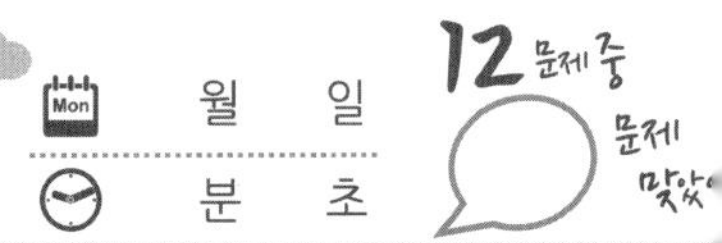

14 − 5 + 3 의 계산

사과 14개에서 사과 5개를 먹으면 사과 9개가 되고,

9개에서 3개를 더하면 사과는 12개가 됩니다.

이 것을 식으로 14−5+3=12 이라고 씁니다.

14−5+3의 계산은 처음 두개 14−5를 먼저 계산하고,

그 값에 뒤에 있는 +3을 계산하면 됩니다.

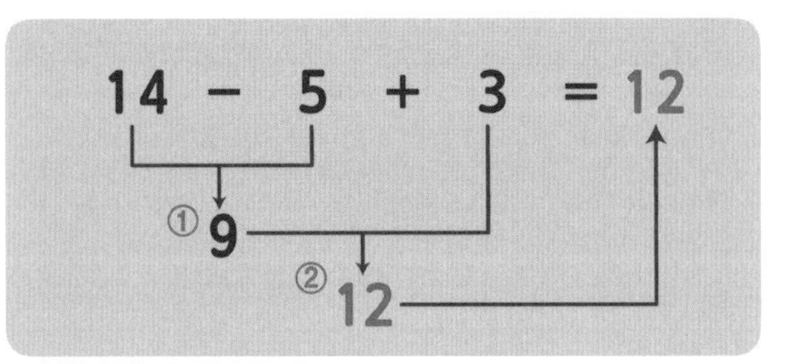

※ 여러 개의 식이 붙어 있으면, 처음부터 한개 한개 계산합니다.

앞에서 순서대로 계산하는 방법으로 계산해서 값을 구하세요.

01. $15 - 6 + 4 =$ ☐ (① ☐ ② ☐)

02. $27 - 9 + 6 =$ ☐ (① ☐ ② ☐)

03. $42 - 5 + 7 =$ ☐ (① ☐ ② ☐)

04. $35 - 7 + 3 =$ ☐ (① ☐ ② ☐)

05. $68 - 9 + 1 =$ ☐ (① ☐ ② ☐)

06. $31 - 6 + 8 =$ ☐ (① ☐ ② ☐)

07. $43 - 5 + 4 =$ ☐ (① ☐ ② ☐)

08. $26 - 4 + 8 =$ ☐ (① ☐ ② ☐)

09. $54 - 5 + 3 =$ ☐

54 − 5 = ① ☐, ☐ + 3 = ② ☐

10. $23 - 6 + 5 =$ ☐

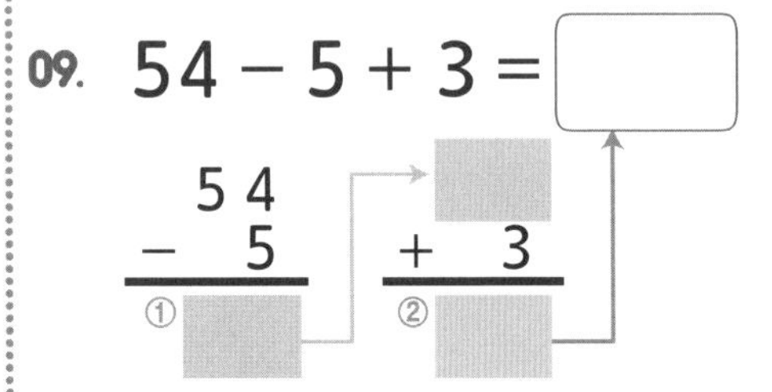

11. $45 - 8 + 9 =$ ☐

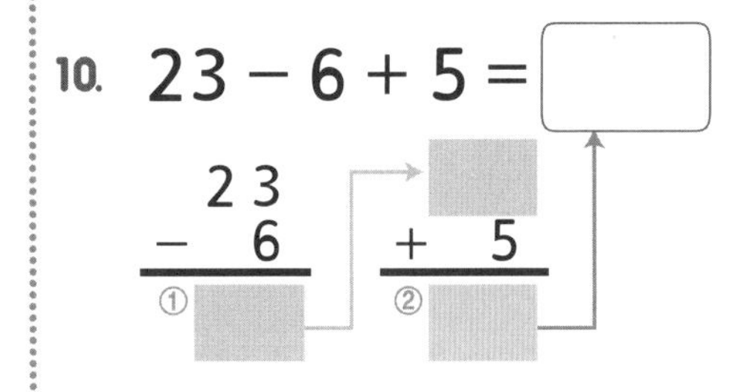

12. $35 - 7 + 4 =$ ☐

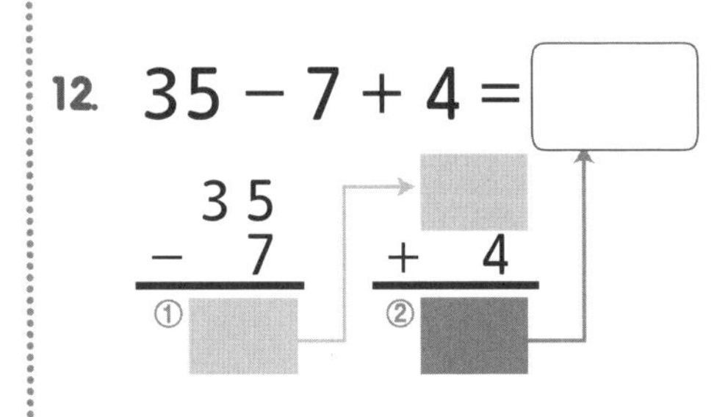

64 수 3개의 계산 (--)

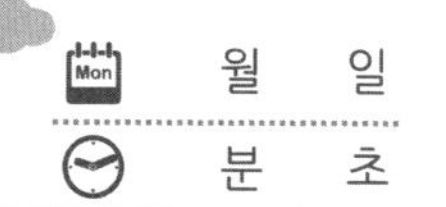
월 일
분 초

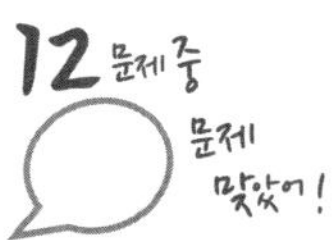

14 − 5 − 3 의 계산

사과 14개에서 사과 5개를 먹으면 사과 9개가 되고,
9개에서 3개를 더 먹으면 사과는 6개가 됩니다.
이 것을 식으로 14−5−3=6이라고 씁니다.
14−1−3의 계산은 처음 두개 14−5을 먼저 계산하고,
그 값에 뒤에 있는 −3을 계산하면 됩니다.

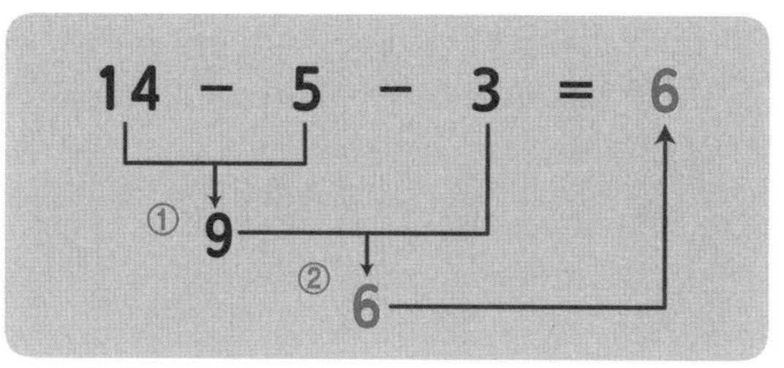

※ 여러 개의 식이 붙어 있으면, 처음부터 한개 한개 계산합니다.

빨셈이 있는 수 3개의 계산은 반드시 앞에서 부터 차례차례 계산해야 합니다. 아래 문제를 풀어보세요.

01. 24 − 4 − 5 = ☐
①
②

02. 17 − 6 − 7 = ☐
①
②

03. 45 − 8 − 3 = ☐
①
②

04. 32 − 6 − 5 = ☐
①
②

05. 23 − 5 − 8 = ☐
①
②

06. 56 − 9 − 7 = ☐
①
②

07. 42 − 7 − 6 = ☐
①
②

08. 31 − 8 − 5 = ☐
①
②

09. 34 − 9 − 6 = ☐
34 − 9 = ①
② − 6

10. 45 − 7 − 4 = ☐
45 − 7 = ①
② − 4

11. 23 − 5 − 8 = ☐
23 − 5 = ①
② − 8

12. 54 − 6 − 9 = ☐
54 − 6 = ①
② − 9

65 수 3개의 계산 (연습1)

월 일
분 초

15 문제 중 문제 맞았어

수 3개의 계산을 자신이 편한 방법으로 계산하여 값을 구하세요.

01. $15 + 7 + 9 = \square$

02. $6 + 28 + 8 = \square$

03. $7 + 7 + 77 = \square$

04. $31 + 5 - 9 = \square$

05. $59 + 3 - 4 = \square$

06. $3 + 29 - 6 = \square$

07. $5 + 45 - 2 = \square$

08. $13 - 4 + 8 = \square$

09. $64 - 7 + 5 = \square$

10. $52 - 6 + 5 = \square$

11. $43 - 5 + 6 = \square$

12. $35 - 5 - 3 = \square$

13. $54 - 8 - 6 = \square$

14. $21 - 7 - 5 = \square$

15. $60 - 2 - 8 = \square$

 이어서 나는 ☐ 을(를) 공부/연습할거야!!

확인 (틀린 문제의 수를 적고, 약한 부분을 보충하세요.)

회차	틀린문제수
61 회	문제
62 회	문제
63 회	문제
64 회	문제
65 회	문제

생각해보기

앞에서 배운 5회차 내용이 모두 이해 되었나요?

1. 모두 이해되고 자신있다. → 다음 회로 넘어 갑니다.

2. 2~3문제 틀릴 수는 있겠지만 거의 이해한다.
   → 개념부분을 한번 더 읽고 다음 회로 넘어 갑니다.

3. 잘 모르는 것 같다.
   → 개념부분과 틀린문제를 한번 더 보고 다음 회로 넘어 갑니다.

틀린 문제가 있었다면 왜 틀렸을거라고 생각합니까?

1. 개념 설명이 어려워서 잘 모르겠다. 2. 다 아는데 실수한 것 같다.

3. 빨리 끝내고 싶어서 집중할 수가 없다. 4. 하기 싫어서....

오답노트 (앞에서 틀린 문제나 기억하고 싶은 문제를 적습니다.)

회	번
문제	풀이

회	번
문제	풀이

회	번
문제	풀이

회	번
문제	풀이

회	번
문제	풀이

월 일
분 초

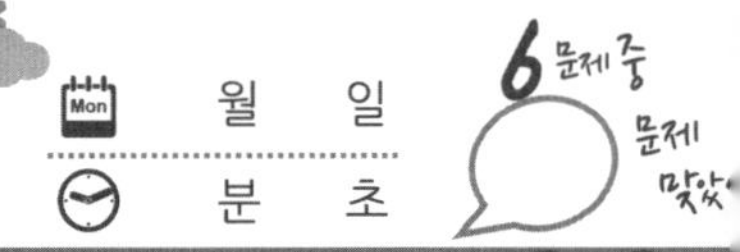

같은 색 네모안의 두 수를 더하면 ◯ 안의 수가 됩니다. ◯와 ▭ 안에 들어갈 수를 적으세요.

01.

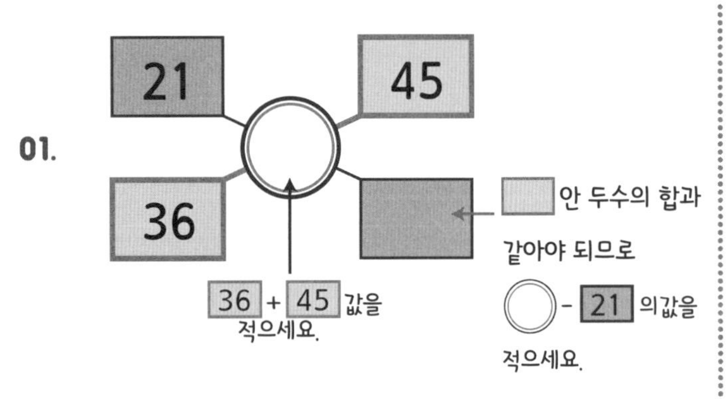

04.

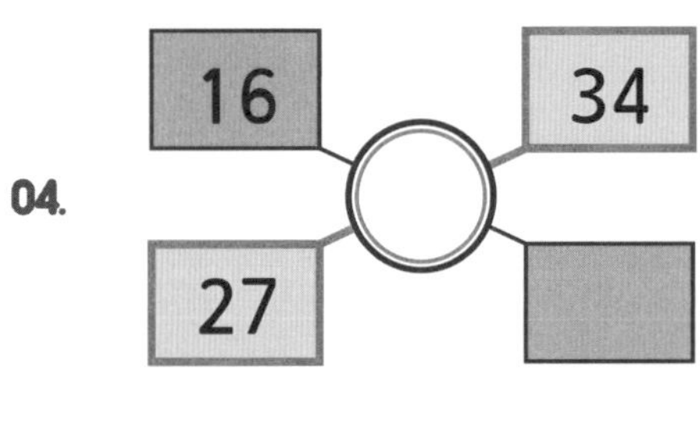

02.

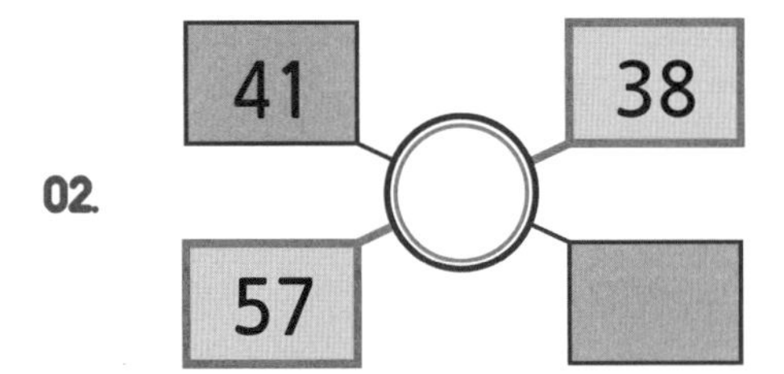

05.

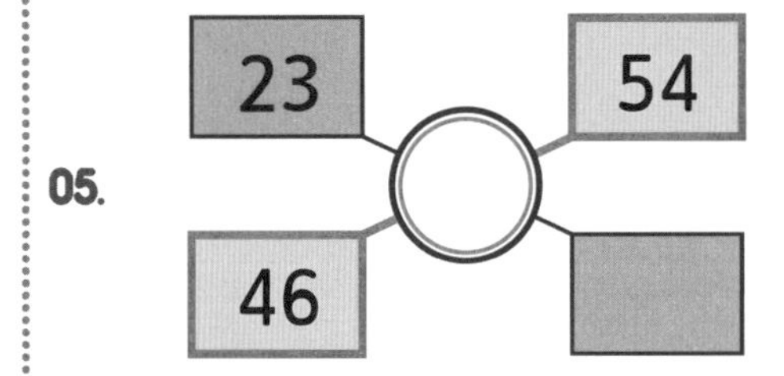

03.

53 26

49

06.

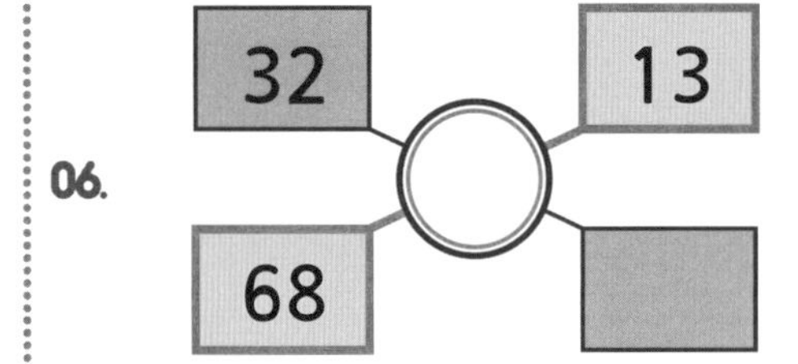

 이어서 나는 ______ 을(를) 공부/연습할거야!!

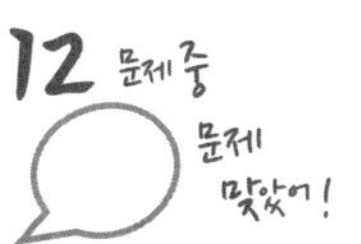

소리내 풀기 아래 식의 빈칸에 알맞은 값을 적으세요.

01. 6 + 17
= □ + 5
6+17 의 값을 적으세요.
= ■
□ + 5 의 값을 적으세요.

02. 5 + 26
= □ + 2
= ■

03. 47 + 8
= □ − 5
= ■

04. 39 + 5
= □ − 4
= ■

05. 31 − 6
= □ + 27
= ■

06. 45 − 18
= □ + 34
= ■

07. 56 + 25
= □ − 41
= ■

08. 28 + 34
= □ − 12
= ■

09. 73 − 5
= □ − 27
= ■

10. 64 − 24
= □ − 34
= ■

11. 85 − 37
= □ − 29
= ■

12. 92 − 56
= □ − 28
= ■

68 수 3개의 계산 (연습4)

빈 칸에 알맞은 수를 적으세요.

01.

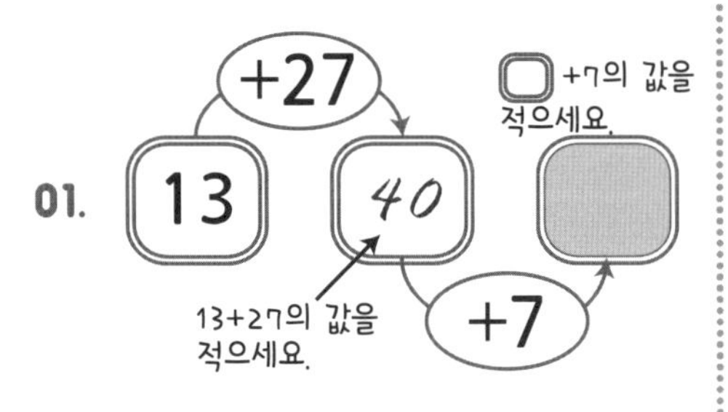

02. 34 → (+17) → ☐ → (+9) → ☐

03. 52 → (+8) → ☐ → (+14) → ☐

04. 25 → (+6) → ☐ → (+13) → ☐

05.

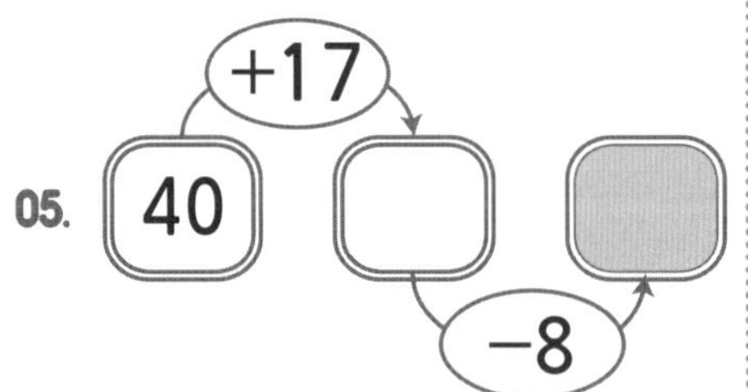

06.

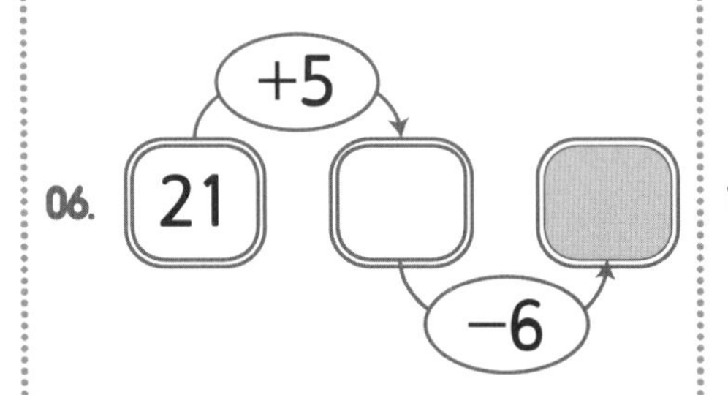

07.

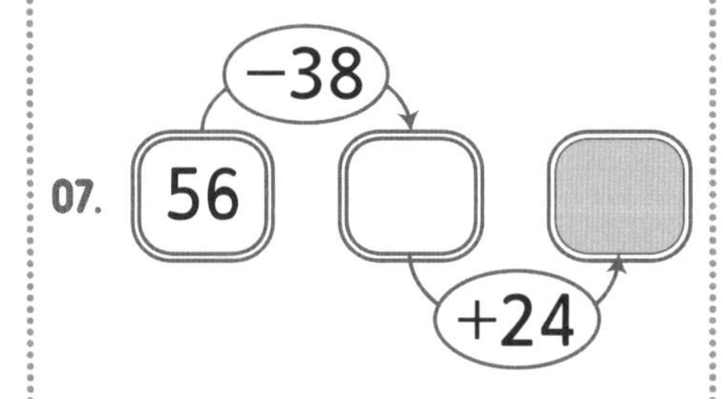

08.

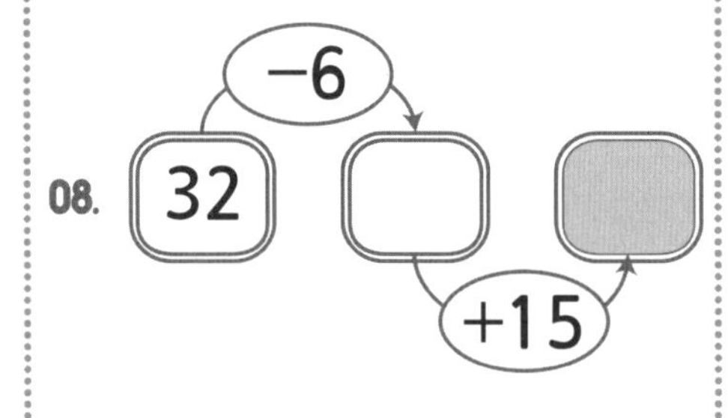

09.

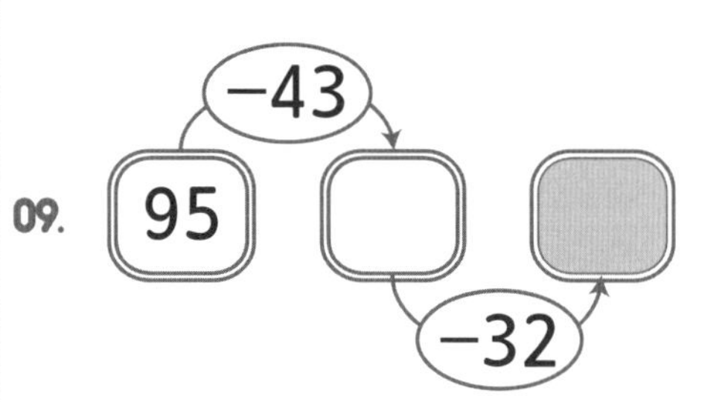

10.

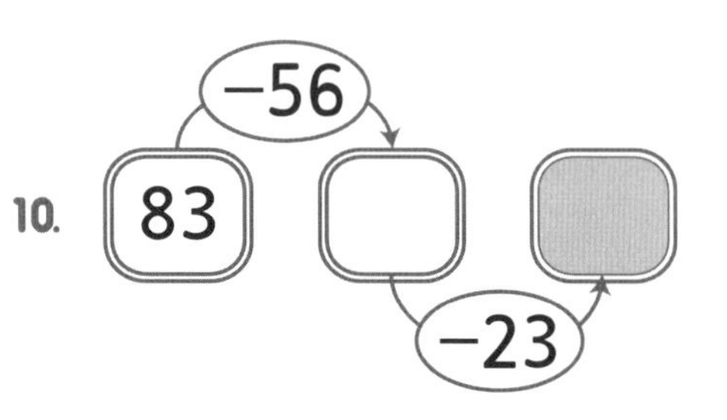

11.

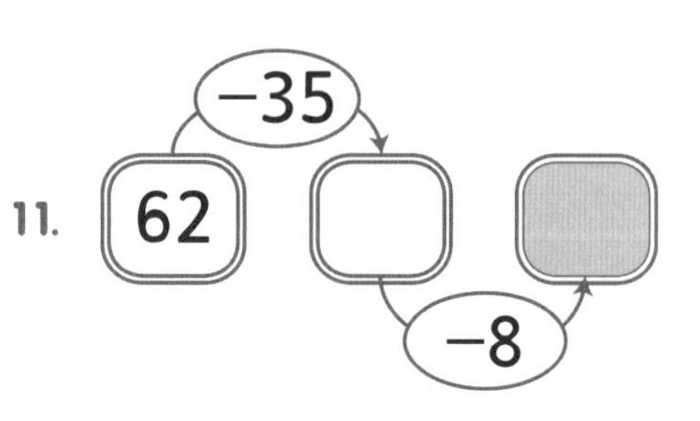

12.

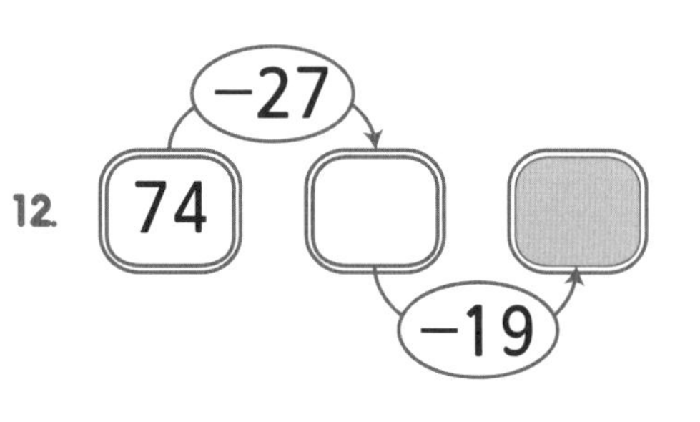

 이어서 나는 ☐ 을(를) 공부/연습할거야!!

위의 숫자가 아래의 통에 들어가면 나오는 수를 계산해서 ▭에 적으세요.

01.
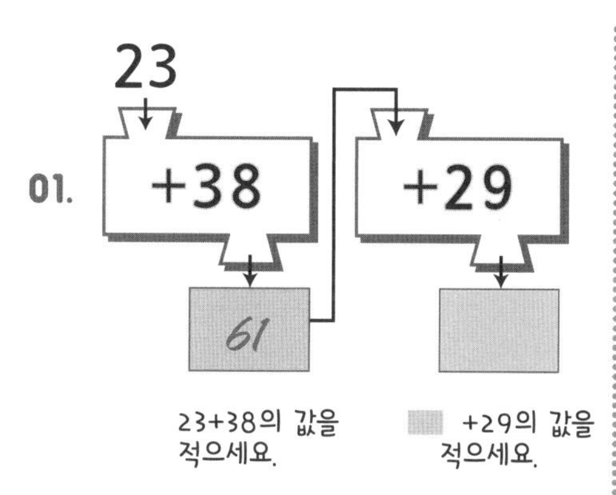

02.
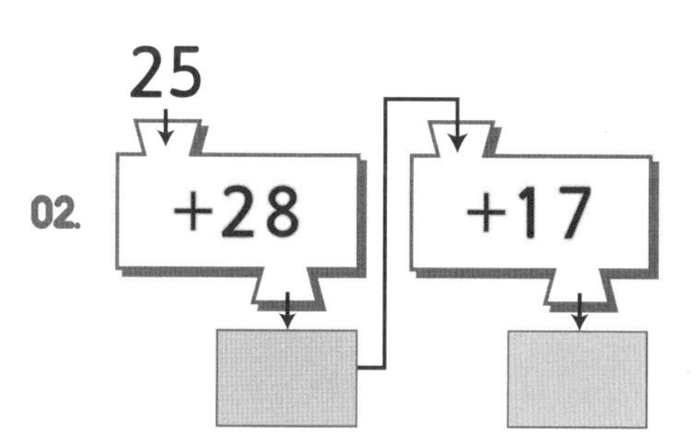

03.
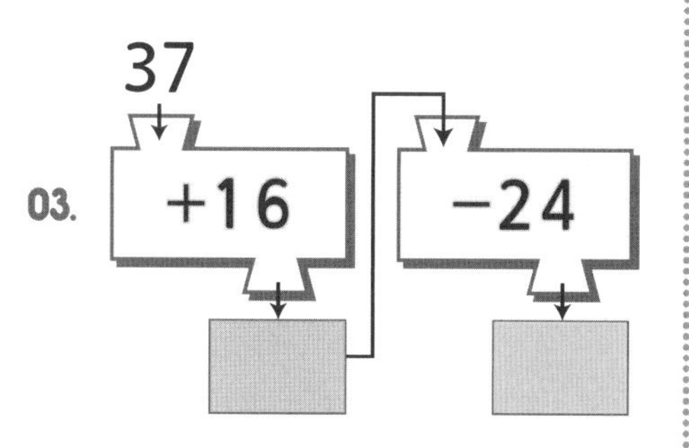

04.
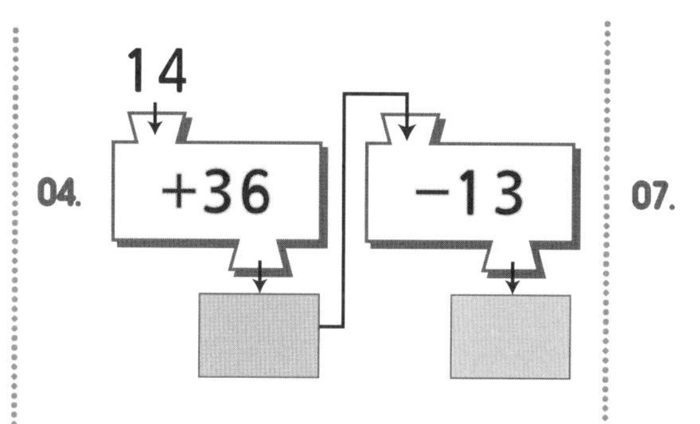

05.
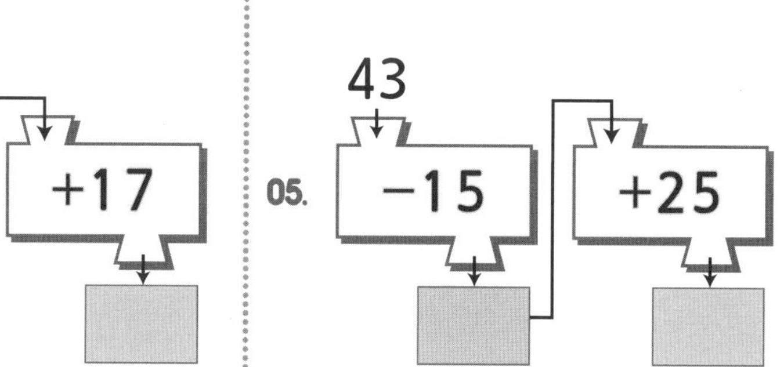

06.
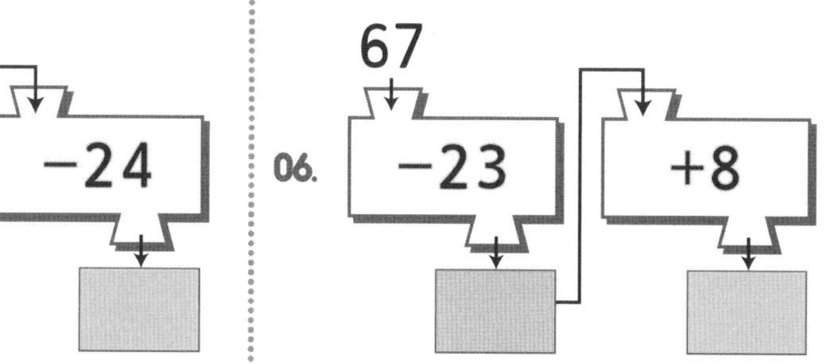

07.
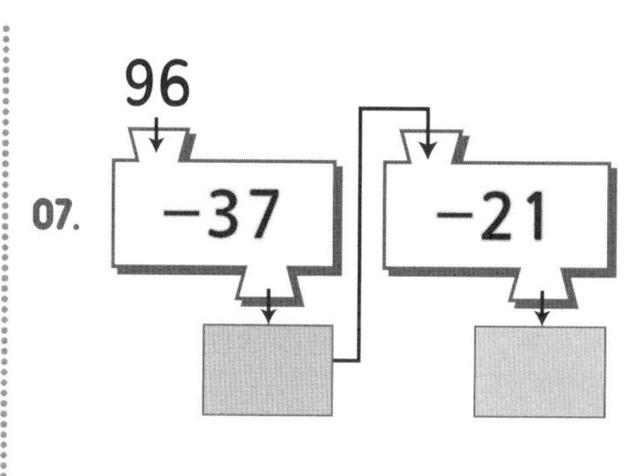

08.
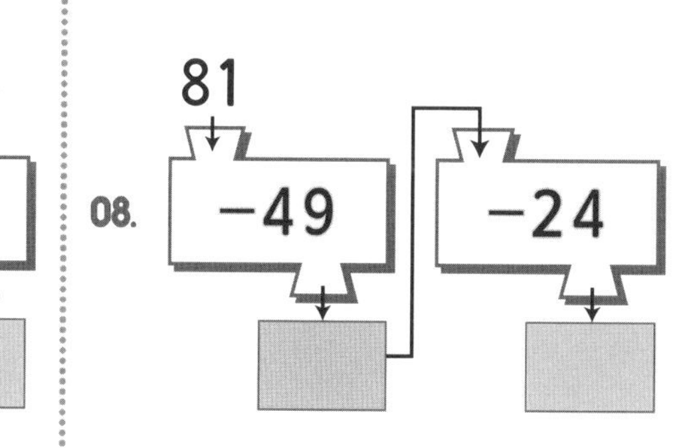

09.
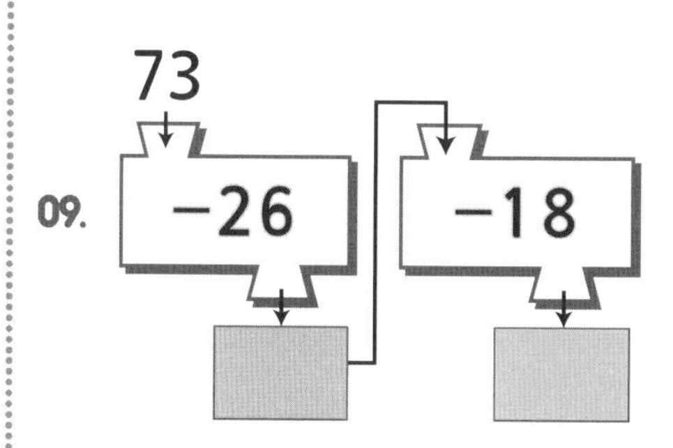

문제) 우리 학교 2학년은 3반까지 있습니다. 1반 **26**명, 2반 **25**명, 3반 **19**명이라면, 우리 학교 2학년은 모두 몇 명일까요?

풀이) 1반 학생수 = 26명, 2반 학생수 = 25명, 3반 학생수 = 19명
전체 학생수 = 1반 학생수 + 2반 학생수 + 3반 학생수 이므로
식은 26+25+19이고 값은 70명 입니다.
따라서 우리학교 2학년 모두 70명 입니다.

식) 26+25+19　　답) 70명

우리학교 2학년 학생수

1반 학생수	2반 학생수	3반 학생수
26명	25명	19명

모두 ?명

소리내 풀기

아래의 문제를 풀어보세요.

01. 버스에 **32**명 타고 있습니다. 이번 정류장에서 **5**명이 내리고 **13**명이 탄다면, 몇 명이 타고 있을까요?

풀이) 타고 있던 사람 수 ☐ 명,
내린 사람 수 ☐ 명, 더 탄 사람 수 ☐ 명
전체 사람 수 = 타고 있던 사람수 ☐ 내린 사람수 ☐ 탄 사람 수이므로 식은 ☐ 이고
답은 ☐ 명 입니다.

식) ________　　답) ☐ 명

02. **54**장으로 딱지 놀이를 해서 혁이에게 **4**장을 잃고, 훈이에게 **12**장 땄습니다. 지금은 몇 장일까요?

풀이) 처음 딱지 수 ☐ 장, 잃은 딱지 수 ☐ 장,
딴 딱지 수 ☐ 장
지금 딱지 수 = 처음 수 ☐ 잃은 수 ☐ 딴 수
이므로 식은 ☐ 이고
답은 ☐ 장 입니다.

식) ________　　답) ☐ 장

03. 벼룩시장에 팔 물건을 **23**개 가지고 갔습니다. 오전에 **14**개, 오후에 **5**개를 팔았다면, 남은 물건은 몇 개일까요?

풀이) 처음 물건 수 ☐ 개, 오전에 판 물건 수 ☐
개, 오후에 판 물건 수 ☐ 개
남은 수 = 처음 수 ☐ 오전에 판 물건 수 ☐ 오후에 판 물건 수 이므로 식은 ☐ 이고
답은 ☐ 개 입니다.

식) ________　　답) ☐ 개

04. 색종이가 **42**장 있습니다. 종이학을 만들기 위해 **16**장를 쓰고, 종이비행기를 만드는데 **8**장을 썼습니다. 이제 남은 색종이는 몇 장 일까요?

(식 2점 답 1점)

풀이)

식) ________　　답) ☐ 장

 이어서 나는 ☐ 을(를) 공부/연습할거야!!

확인 (틀린 문제의 수를 적고, 약한 부분을 보충하세요.)

회차	틀린문제수
66 회	문제
67 회	문제
68 회	문제
69 회	문제
70 회	문제

생각해보기

앞에서 배운 5회차 내용이 모두 이해 되었나요?

1. 모두 이해되고 자신있다. → 다음 회로 넘어 갑니다.

2. 2~3문제 틀릴 수는 있겠지만 거의 이해한다.
   → 개념부분을 한번 더 읽고 다음 회로 넘어 갑니다.

3. 잘 모르는 것 같다.
   → 개념부분과 틀린문제를 한번 더 보고 다음 회로 넘어 갑니다.

틀린 문제가 있었다면 왜 틀렸을거라고 생각합니까?

1. 개념 설명이 어려워서 잘 모르겠다. 2. 다 아는데 실수한 것 같다.

3. 빨리 끝내고 싶어서 집중할 수가 없다. 4. 하기 싫어서....

오답노트 (앞에서 틀린 문제나 기억하고 싶은 문제를 적습니다.)

회 번

문제	풀이

회 번

문제	풀이

회 번

문제	풀이

회 번

문제	풀이

회 번

문제	풀이

17 + 28의 계산 (일의 자리의 합이 10이 넘으면 십의 자리로 받아올림 해줍니다.)

① 일의 자리에 5를 적고, 받아 올림한 1을 표시해 줍니다. ② 십의 자리를 더한 수에 받아올림한 1을 더해 적습니다.

① 일의 자리끼리 더하고 10이 넘으면 받아올림 해줍니다.

7 + 8 = 15

$17 + 28 = 4\overset{1}{5}$

➡

② 십의 자리끼리 더한 다음 받아올림한 1을 더 더합니다.

$17 + 28 = \overset{1}{4}5$

1+2+받아올림한 1 = 4

십의 자리수끼리 더한 다음 일의 자리에서 받아올림한 1을 더 더합니다.

아래 덧셈의 값을 적으세요.

01. 15 + 9 = ☐

02. 13 + 8 = ☐

03. 16 + 7 = ☐

04. 19 + 6 = ☐

05. 14 + 7 = ☐

06. 12 + 9 = ☐

07. 23 + 30 = ☐

08. 30 + 25 = ☐

09. 47 + 13 = ☐

10. 35 + 45 = ☐

11. 46 + 27 = ☐

12. 68 + 14 = ☐

13. 53 + 17 = ☐

14. 42 + 39 = ☐

15. 65 + 26 = ☐

16. 34 + 38 = ☐

17. 71 + 19 = ☐

18. 56 + 26 = ☐

※ 수를 계산할때는 일의 자리부터 계산합니다.

이어서 나는 ☐ 을(를) 공부/연습할거야!!

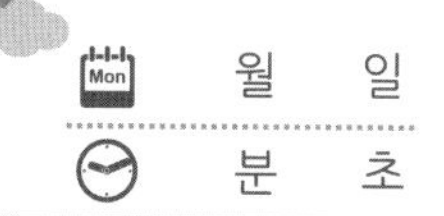

72 두자리수 바로 덧셈하기 (2)

월 일
분 초

51 + 62의 계산 (십의 자리의 합이 10이 넘으면 백의 자리로 받아올림 해줍니다.)

① 일의 자리에 3를 적습니다. ② 십의 자리를 더한 수가 10이 넘으므로 백의 자리로 받아올림 해서 각자의 자리에 적습니다.

① 일의 자리의 덧셈이므로 일의 자리에 적습니다.

1 + 2 = 3

5 1 + 6 2 = 1 1 3

② 십의 자리의 자리끼리 더하고, 받아올림이 있으면 +1 해줍니다.

5 1 + 6 2 = 1 1 3

5 + 6 = 11

각자의 자리끼리 더하고, 10이 넘으면 받아올림 합니다.

받아올림한 수 +1 해주는 것을 잊지마세요!!!

위와 같은 방법으로 풀어서 값을 구하세요.

01. 50 + 50 = □

02. 70 + 30 = □

03. 60 + 70 = □

04. 40 + 60 = □

05. 80 + 50 = □

06. 90 + 30 = □

07. 43 + 60 = □

08. 65 + 70 = □

09. 97 + 20 = □

10. 70 + 48 = □

11. 80 + 51 = □

12. 30 + 86 = □

13. 53 + 65 = □

14. 72 + 54 = □

15. 85 + 32 = □

16. 64 + 53 = □

17. 41 + 86 = □

18. 96 + 21 = □

※ 수를 계산할때는 일의 자리부터 계산합니다.

73 두자리수 바로 덧셈하기 (3)

월 일
분 초

57 + 68의 계산 (일의 자리의 합과 십의 자리의 합이 10이 넘으면 그 위의 자리로 받아올림 해줍니다.)

① 일의 자리에 5를 적습니다. ② 받아올림은 위에 작게 표시하고, 십의 자리수끼리 더한 뒤 +1(**받아올림**) 해줍니다.

① 일의 자리끼리 더하고 10이 넘으면 받아올림 표시를 합니다.

7 + 8 = 15

$57 + 68 = 1\overset{1}{2}5$

➡

② 십의 자리끼리 더한 다음 받아올림한 1을 더 더합니다.

$57 + 68 = \overset{1}{1}\,\overset{}{2}5$

5 + 6 + 받아올림한 1 = 12

각자의 자리끼리 더하고, 10이 넘으면 위의 자리수에 +1 해줍니다.

아래 덧셈을 위의 방법대로 풀어 값을 구하세요.

01. 18 + 13 = ☐

02. 34 + 27 = ☐

03. 25 + 46 = ☐

04. 42 + 38 = ☐

05. 66 + 15 = ☐

06. 53 + 29 = ☐

07. 43 + 69 = ☐

08. 65 + 78 = ☐

09. 97 + 25 = ☐

10. 76 + 47 = ☐

11. 89 + 51 = ☐

12. 34 + 86 = ☐

13. 58 + 45 = ☐

14. 76 + 24 = ☐

15. 87 + 46 = ☐

16. 65 + 35 = ☐

17. 43 + 66 = ☐

18. 99 + 79 = ☐

※ 두자리수까지는 옆으로 계산할때 바로 계산하도록 노력합니다.
세자리부터는 자리수를 맞춰 밑으로 적고, 계산하는 것이 실수를 없애고, 빨리 계산할 수 있습니다.

 이어서 나는 ☐ 을(를) 공부/연습할거야!!

74 두자리수 바로 덧셈하기 (연습1)

월 일
분 초

21 문제 중 문제 맞았어!

받아올림에 주의하면서 바로 계산해 봅니다.

01. $15 + 28 =$

02. $47 + 37 =$

03. $23 + 19 =$

04. $56 + 35 =$

05. $39 + 24 =$

06. $18 + 56 =$

07. $24 + 38 =$

08. $68 + 64 =$

09. $79 + 31 =$

10. $57 + 48 =$

11. $49 + 59 =$

12. $86 + 87 =$

13. $34 + 96 =$

14. $98 + 75 =$

15. $87 + 53 =$

16. $65 + 46 =$

17. $44 + 89 =$

18. $79 + 37 =$

19. $58 + 78 =$

20. $93 + 19 =$

21. $66 + 94 =$

75 두자리수 바로 덧셈하기 (연습2)

소리내 풀기 계산해서 값을 적으세요.

01. $18 + 24 =$

02. $27 + 46 =$

03. $49 + 13 =$

04. $36 + 45 =$

05. $68 + 27 =$

06. $57 + 34 =$

07. $79 + 15 =$

08. $32 + 80 =$

09. $68 + 41 =$

10. $24 + 92 =$

11. $42 + 84 =$

12. $56 + 63 =$

13. $14 + 95 =$

14. $71 + 76 =$

15. $46 + 58 =$

16. $34 + 67 =$

17. $59 + 49 =$

18. $26 + 94 =$

19. $63 + 79 =$

20. $78 + 85 =$

21. $87 + 36 =$

확인 (틀린 문제의 수를 적고, 약한 부분을 보충하세요.)

회차	틀린문제수
71 회	문제
72 회	문제
73 회	문제
74 회	문제
75 회	문제

생각해보기

앞에서 배운 5회차 내용이 모두 이해 되었나요?

1. 모두 이해되고 자신있다. → 다음 회로 넘어 갑니다.

2. 2~3문제 틀릴 수는 있겠지만 거의 이해한다.
→ 개념부분을 한번 더 읽고 다음 회로 넘어 갑니다.

3. 잘 모르는 것 같다.
→ 개념부분과 틀린문제를 한번 더 보고 다음 회로 넘어 갑니다.

틀린 문제가 있었다면 왜 틀렸을거라고 생각합니까?

1. 개념 설명이 어려워서 잘 모르겠다. 2. 다 아는데 실수한 것 같다.

3. 빨리 끝내고 싶어서 집중할 수가 없다. 4. 하기 싫어서....

오답노트 (앞에서 틀린 문제나 기억하고 싶은 문제를 적습니다.)

회	번
문제	풀이

회	번
문제	풀이

회	번
문제	풀이

회	번
문제	풀이

회	번
문제	풀이

76 밑으로 덧셈 (연습1)

소리내 풀기 받아올림에 주의해서 계산해 보세요.

01. $\begin{array}{r} 23 \\ +\,36 \\ \hline \end{array}$

02. $\begin{array}{r} 15 \\ +\,42 \\ \hline \end{array}$

03. $\begin{array}{r} 41 \\ +\,54 \\ \hline \end{array}$

04. $\begin{array}{r} 54 \\ +\,36 \\ \hline \end{array}$

05. $\begin{array}{r} 37 \\ +\,25 \\ \hline \end{array}$

06. $\begin{array}{r} 48 \\ +\,34 \\ \hline \end{array}$

07. $\begin{array}{r} 45 \\ +\,16 \\ \hline \end{array}$

08. $\begin{array}{r} 37 \\ +\,49 \\ \hline \end{array}$

09. $\begin{array}{r} 59 \\ +\,18 \\ \hline \end{array}$

10. $\begin{array}{r} 63 \\ +\,27 \\ \hline \end{array}$

11. $\begin{array}{r} 10 \\ +\,96 \\ \hline \end{array}$

12. $\begin{array}{r} 53 \\ +\,75 \\ \hline \end{array}$

13. $\begin{array}{r} 62 \\ +\,84 \\ \hline \end{array}$

14. $\begin{array}{r} 75 \\ +\,93 \\ \hline \end{array}$

15. $\begin{array}{r} 91 \\ +\,34 \\ \hline \end{array}$

16. $\begin{array}{r} 32 \\ +\,68 \\ \hline \end{array}$

17. $\begin{array}{r} 46 \\ +\,54 \\ \hline \end{array}$

18. $\begin{array}{r} 79 \\ +\,54 \\ \hline \end{array}$

19. $\begin{array}{r} 67 \\ +\,95 \\ \hline \end{array}$

20. $\begin{array}{r} 89 \\ +\,86 \\ \hline \end{array}$

 이어서 나는 [ ] 을(를) 공부/연습할거야!!

월 일
분 초
20문제 중 문제 맞았어!

받아올림에 주의해서 계산해 보세요.

01.
```
   1 4
 + 4 6
```

02.
```
   4 5
 + 4 7
```

03.
```
   3 9
 + 5 1
```

04.
```
   2 6
 + 3 7
```

05.
```
   5 8
 + 2 3
```

06.
```
   2 3
 + 3 7
```

07.
```
   5 6
 + 6 5
```

08.
```
   4 2
 + 2 4
```

09.
```
   3 5
 + 6 3
```

10.
```
   7 4
 + 8 9
```

11.
```
   4 0
 + 5 6
```

12.
```
   2 7
 + 6 4
```

13.
```
   7 2
 + 4 3
```

14.
```
   8 6
 + 1 3
```

15.
```
   5 5
 + 5 5
```

16.
```
   3 6
 + 2 7
```

17.
```
   4 4
 + 7 7
```

18.
```
   2 9
 + 6 4
```

19.
```
   6 7
 + 5 8
```

20.
```
   9 6
 + 9 9
```

□ 안에 들어갈 알맞은 수를 적으세요.

01.

	3	□
+	□	5
	9	3

어떤 수에 5를 더해 3이 되는 값을 구하세요.
□ + 5 = 13
(13에서 5를 빼면 값을 알수 있습니다)

3에서 어떤 수를 더해 9가 되는 값을 구하세요. 3 +받아올림1+ □ = 9
(9에서 4를 빼면 값을 알수 있습니다)

02.

	5	□
+	□	8
	7	4

03.

	4	4
+	□	6
	9	□

04.

	6	□
+	1	2
	□	1

05.

	2	□
+	□	6
	5	2

06.

	3	6
+	1	□
	□	5

07.

	7	8
+	□	4
	9	□

08.

	5	□
+	2	7
	□	6

09.

	6	□
+	□	3
1	0	7

10.

	3	5
+	6	□
1	□	3

11.

	4	9
+	□	6
1	3	□

12.

	5	□
+	7	3
1	□	2

79 밑으로 덧셈 (연습4)

월 일
분 초

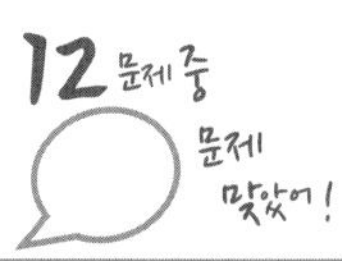

□ 안에 들어갈 알맞은 수를 적으세요.

01.

	5	□
+	□	6
	8	7

02.

	3	□
+	□	3
	6	4

03.

	2	3
+	□	6
	9	□

04.

	4	□
+	2	4
	□	9

05.

	7	□
+	□	6
	9	2

06.

	4	8
+	1	□
	□	3

07.

	6	5
+	□	7
	9	□

08.

	3	□
+	6	7
1	□	5

09.

	6	□
+	□	3
1	2	7

10.

	5	2
+	8	□
1	□	1

11.

	7	4
+	□	8
1	4	□

12.

	2	□
+	8	6
1	□	2

문제) 우리 학년에 남학생이 **48**명, 여학생은 **47**명이 있습니다. 우리 학년은 모두 몇 명일까요?

풀이) 남학생 수 = 48　여학생 수 = 47

전체 학생 수 = 남학생 수 + 여학생 수 이므로

식은 48+47 이고 값은 95명 입니다.

따라서 학생은 모두 95명 입니다.

식) 48+47　답) 95명

아래의 문제를 풀어보세요.

01. 저번 시험에서 **75**점을 받았습니다. 이번에는 열심히 공부했더니 **18**점이 올랐습니다. 이번에는 몇점을 받았을까요?

풀이) 저번 시험 점수 = ☐ 점

오른 시험 점수 = ☐ 점

이번 시험 점수 = 저번 점수 ☐ 오른 점수 이므로

식은 ☐ 이고

답은 ☐ 점 입니다.

식) ________　답) ☐ 점

02. 책 읽기 시합를 하고 있습니다. 저번주까지 **39**권을 읽었고, 이번주에 **16**권을 읽었으면, 모두 몇 권을 읽었을까요?

풀이) 저번주까지 읽은 수 = ☐ 권

이번주에 읽은 수 = ☐ 권

전체 수 = 저번주까지 읽은 수 ☐ 이번주에 읽은 수

이므로 식은 ☐ 이고

답은 ☐ 권 입니다.

식) ________　답) ☐ 권

03. 학교 앞에 노란꽃이 **24**송이, 빨간꽃이 **37**송이 피었습니다. 노란꽃과 빨간꽃은 모두 몇 송이 피었을까요?

풀이)　(식 2점 답 1점)

식) ________　답) ☐ 송이

04. 내가 문제를 만들어 풀어 봅니다. (두자리수 + 두자리수)

풀이)　(문제 2점 식 2점 답 1점)

식) ________　답) ________

 이어서 나는 ☐ 을(를) 공부/연습할거야!!

확인 (틀린 문제의 수를 적고, 약한 부분을 보충하세요.)

회차	틀린문제수
76 회	문제
77 회	문제
78 회	문제
79 회	문제
80 회	문제

생각해보기

앞에서 배운 5회차 내용이 모두 이해 되었나요?

1. 모두 이해되고 자신있다. → 다음 회로 넘어 갑니다.

2. 2~3문제 틀릴 수는 있겠지만 거의 이해한다.
→ 개념부분을 한번 더 읽고 다음 회로 넘어 갑니다.

3. 잘 모르는 것 같다.
→ 개념부분과 틀린문제를 한번 더 보고 다음 회로 넘어 갑니다.

틀린 문제가 있었다면 왜 틀렸을거라고 생각합니까?

1. 개념 설명이 어려워서 잘 모르겠다. 2. 다 아는데 실수한 것 같다.

3. 빨리 끝내고 싶어서 집중할 수가 없다. 4. 하기 싫어서....

오답노트 (앞에서 틀린 문제나 기억하고 싶은 문제를 적습니다.)

회 번

문제	풀이

회 번

문제	풀이

회 번

문제	풀이

회 번

문제	풀이

회 번

문제	풀이

63 − 29의 계산 (일의 자리부터 계산하고 받아내림은 표시해서 바로 뺍니다.)

받아내림을 표시하고 **13−9**의 값을 일의 자리에 적고, **받아내림**해주고 남은 십의자리 **5−2=3** 을 십의 자리에 적습니다

① 십의 자리에서 10을 빌려(받아내림)하여 계산합니다.

13 − 9 = 4

$\overset{5}{\cancel{6}}3 - 29 = 34$

받아내림 해주면
꼭 줄을 긋고 남은 수를 표시합니다.

➡

② 받아내림하고 남은 십의 자리끼리 계산합니다.

$\overset{5}{\cancel{6}}3 - 29 = 34$

받아내림해주고 남은 수 5 − 2 = 3

빼려는 수가
더 커서 빼수없을
때 십의 자리에서
받아내림하여
10 더하고 뺍니다.

위와 같이 일의 자리부터 바로 계산하여 값을 구해 보세요.

01. 25 − 6 = ☐

02. 23 − 8 = ☐

03. 36 − 7 = ☐

04. 34 − 5 = ☐

05. 41 − 9 = ☐

06. 42 − 4 = ☐

07. 51 − 4 = ☐

08. 74 − 6 = ☐

09. 63 − 5 = ☐

10. 45 − 7 = ☐

11. 57 − 8 = ☐

12. 72 − 9 = ☐

13. 73 − 36 = ☐

14. 92 − 25 = ☐

15. 65 − 48 = ☐

16. 74 − 57 = ☐

17. 97 − 69 = ☐

18. 86 − 78 = ☐

※ 15−7과 같은 계산이 뺄셈의 기본입니다. 충분히 연습하도록 합니다.

 이어서 나는 ☐ 을(를) 공부/연습할거야!!

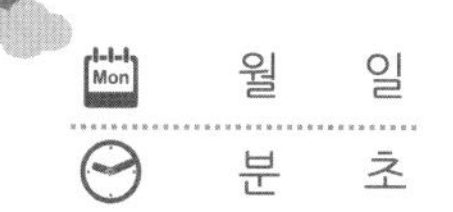
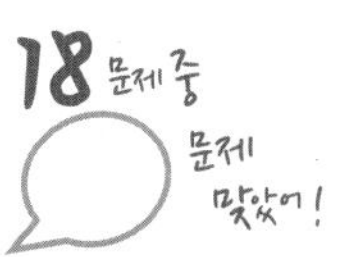

82 받아내림해서 바로 뺄셈하기 (2)

월 일
분 초

157 − 62의 계산 (일의 자리부터 계산하고 받아내림은 표시해서 바로 뺍니다.)

일의 자리 7−2=5의 값을 일의 자리에 적고, 십의자리 15−6=9을 십의 자리에 적습니다

① 일의 자리의 끼리 빼서 일의 자리에 적습니다.

7 − 2 = 5

1 5 7 − 6 2 = 9 5

②백의 자리에서 받아내림하여 계산합니다.

1 5 7 − 6 2 = 9 5

15 − 6 = 9

157을 일의자리가 7이고 십의자리가 15인 수라고 생각하고 계산합니다.

위의 방법대로 아래 문제를 풀어보세요.

01. 20 − 13 =

02. 41 − 32 =

03. 64 − 25 =

04. 53 − 14 =

05. 75 − 37 =

06. 62 − 26 =

07. 42 − 25 =

08. 61 − 47 =

09. 54 − 29 =

10. 86 − 48 =

11. 93 − 36 =

12. 75 − 54 =

13. 155 − 64 =

14. 126 − 53 =

15. 102 − 31 =

16. 118 − 50 =

17. 135 − 82 =

18. 107 − 25 =

※ 150은 백의 자리가 1이고, 십의 자리가 5인 수입니다. 계산할때만 십의 자리가 15라고 생각하고 계산합니다.

이어서 나는 을(를) 공부/연습할거야!!

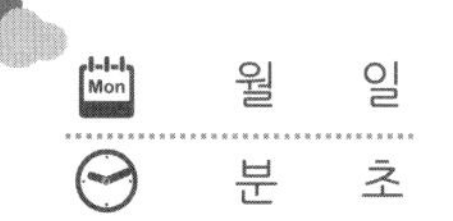

157 − 69의 계산 ① (□□+□의 덧셈으로 계산하기)

받아내림을 표시하고 17−9의 값을 일의 자리에 적고, 받아내림해주고 남은 십의자리 14−6=8을 십의 자리에 적습니다

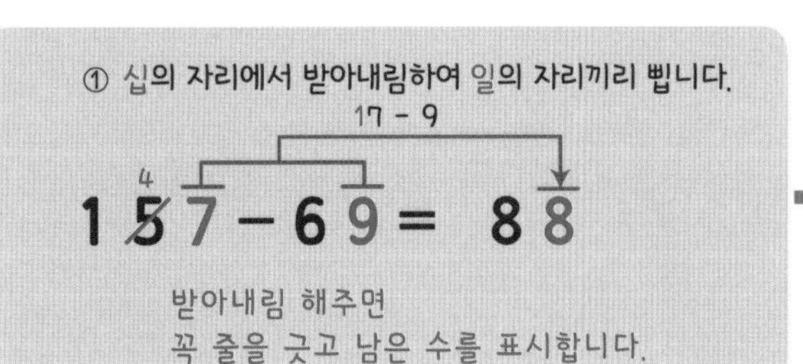

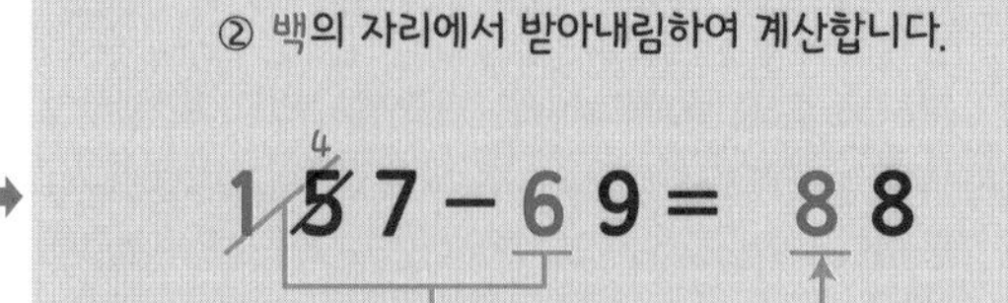

받아 내림한 것을 표시하고 빼줍니다.

157을 일의자리가 7이고 십의자리가 15인 수라고 생각하고 계산합니다.

위와 같은 방법으로 아래 뺄셈을 계산해 보세요.

01. 118 − 32 = □

02. 134 − 51 = □

03. 125 − 43 = □

04. 142 − 70 = □

05. 166 − 85 = □

06. 159 − 64 = □

07. 140 − 69 = □

08. 165 − 78 = □

09. 192 − 97 = □

10. 173 − 86 = □

11. 121 − 54 = □

12. 134 − 85 = □

13. 121 − 65 = □

14. 114 − 46 = □

15. 137 − 59 = □

16. 125 − 37 = □

17. 146 − 78 = □

18. 168 − 89 = □

※ 150은 백의 자리가 1이고, 십의 자리가 5인 수입니다. 계산할때만 십의 자리가 15라고 생각하고 계산합니다.

받아내림해서 바로 뺄셈하기 (연습1)

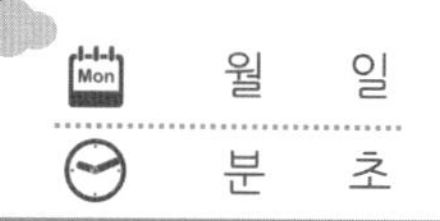

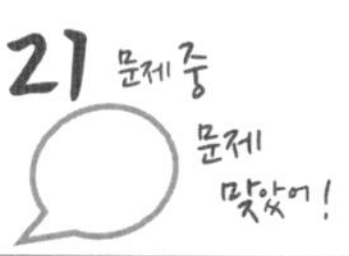

아래 식을 계산하여 값을 적으세요.

01. 12 − 5 =

02. 24 − 8 =

03. 37 − 6 =

04. 41 − 4 =

05. 55 − 7 =

06. 63 − 8 =

07. 76 − 9 =

08. 27 − 15 =

09. 42 − 31 =

10. 51 − 20 =

11. 73 − 42 =

12. 68 − 35 =

13. 35 − 23 =

14. 86 − 14 =

15. 33 − 27 =

16. 27 − 19 =

17. 43 − 15 =

18. 64 − 26 =

19. 55 − 38 =

20. 96 − 17 =

21. 72 − 24 =

월 일
분 초

21 문제 중 문제 맞았

소리내 풀기 아래 식을 계산하여 값을 적으세요.

01. $100 - 9 =$

02. $105 - 8 =$

03. $112 - 6 =$

04. $121 - 4 =$

05. $154 - 7 =$

06. $147 - 8 =$

07. $136 - 9 =$

08. $107 - 43 =$

09. $102 - 21 =$

10. $127 - 54 =$

11. $143 - 71 =$

12. $158 - 63 =$

13. $125 - 32 =$

14. $136 - 93 =$

15. $103 - 37 =$

16. $121 - 68 =$

17. $113 - 49 =$

18. $144 - 95 =$

19. $165 - 68 =$

20. $156 - 97 =$

21. $172 - 74 =$

확인 (틀린 문제의 수를 적고, 약한 부분을 보충하세요.)

회차	틀린문제수
81 회	문제
82 회	문제
83 회	문제
84 회	문제
85 회	문제

생각해보기

앞에서 배운 5회차 내용이 모두 이해 되었나요?

1. 모두 이해되고 자신있다. → 다음 회로 넘어 갑니다.

2. 2~3문제 틀릴 수는 있겠지만 거의 이해한다.
→ 개념부분을 한번 더 읽고 다음 회로 넘어 갑니다.

3. 잘 모르는 것 같다.
→ 개념부분과 틀린문제를 한번 더 보고 다음 회로 넘어 갑니다.

틀린 문제가 있었다면 왜 틀렸을거라고 생각합니까?

1. 개념 설명이 어려워서 잘 모르겠다. 2. 다 아는데 실수한 것 같다.

3. 빨리 끝내고 싶어서 집중할 수가 없다. 4. 하기 싫어서....

오답노트 (앞에서 틀린 문제나 기억하고 싶은 문제를 적습니다.)

회 번

문제	풀이

회 번

문제	풀이

회 번

문제	풀이

회 번

문제	풀이

회 번

문제	풀이

86 밑으로 뺄셈 (연습1)

월 일
분 초

20문제 중 문제 맞았

소리내 풀기 받아내림에 주의하여 계산해 보세요.

01. $54 - 21$

02. $35 - 13$

03. $43 - 37$

04. $71 - 65$

05. $62 - 46$

06. $109 - 36$

07. $105 - 43$

08. $136 - 61$

09. $124 - 52$

10. $113 - 70$

11. $150 - 65$

12. $143 - 97$

13. $162 - 86$

14. $135 - 95$

15. $124 - 69$

16. $100 - 51$

17. $100 - 73$

18. $126 - 29$

19. $153 - 57$

20. $131 - 55$

이어서 나는 (   ) 을(를) 공부/연습할거야!!

87 밑으로 뺄셈 (연습2)

월 일
분 초

20문제 중 문제 맞았어!

소리내 풀기 받아내림에 주의하여 계산해 보세요.

01. $74 - 31$

02. $51 - 25$

03. $63 - 42$

04. $36 - 16$

05. $42 - 27$

06. $124 - 50$

07. $135 - 43$

08. $111 - 71$

09. $102 - 84$

10. $143 - 65$

11. $103 - 14$

12. $124 - 32$

13. $140 - 68$

14. $135 - 45$

15. $151 - 58$

16. $115 - 52$

17. $107 - 78$

18. $138 - 65$

19. $126 - 56$

20. $162 - 84$

□안에 들어갈 알맞은 수를 적으세요.

01.

	8	□
−	□	5
	3	7

어떤 수에 5를 빼서 7이 되는 값을 구하세요.
□ − 5 = 7
(7에 5를 더하면 값을 알수 있습니다)

8에서 어떤 수를 빼서 3이 되는 값을 구하세요. 8 − □ = 3
(8에서 3를 뺀 값에 일의 자리에 받아내림한 것을 생각하세요.)

02.

	5	□
−	□	6
	1	9

03.

	9	1
−	□	3
	2	□

04.

	6	□
−	1	6
	□	6

05.

	7	□
−	□	4
	5	7

06.

	6	3
−	1	□
	□	6

07.

	8	5
−	□	7
	5	□

08.

	9	□
−	3	4
	□	7

09.

	6	□
−	□	3
	2	8

10.

	4	5
−	1	□
	□	7

11.

	5	2
−	□	3
	2	□

12.

	9	□
−	5	3
	□	9

89 밑으로 뺄셈 (연습4)

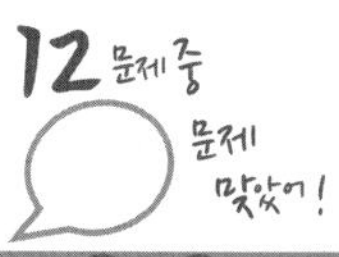

□ 안에 들어갈 알맞은 수를 적으세요.

01.

	6	□
−	□	4
	2	1

02.

	5	□
−	□	2
	3	1

03.

	8	6
−	□	9
	1	□

04.

	7	□
−	1	5
	□	5

05.

	5	□
−	□	2
	3	8

06.

	8	3
−	4	□
	□	7

07.

	7	1
−	□	6
	5	□

08.

	6	□
−	2	0
	□	7

09.

	4	□
−	□	3
	1	7

10.

	6	5
−	2	□
	□	9

11.

	5	2
−	□	8
	3	□

12.

	8	□
−	3	7
	□	9

문제) 우리 학년 **93**명입니다. 남학생이 **45**명이면, 여학생은 몇 명일까요?

풀이) 전체 학생 수 = 93명 남학생 수 = 45명

여학생 수 = 전체 학생수 – 남학생 수이므로

식은 93–45이고 값은 48명 입니다.

따라서 여학생 수는 48명 입니다.

식) 93–45 답) 48명

아래의 문제를 풀어보세요.

01. 이번 시험에 **95**점을 받기로 부모님과 약속했습니다. 저번 시험에 **79**점을 받았다면, 몇 점을 더 받아야 할까요?

풀이) 목표 점수 = ☐ 점

저번 점수 = ☐ 점

더 받을 점수 = 목표 점수 ☐ 저번 점수 이므로

식은 ☐ 이고

답은 ☐ 점 입니다.

식) ____________ 답) ☐ 점

02. **61**권 책읽기 시합을 하고 있습니다. 지금까지 **43**권 읽었다면, 몇 권 더 읽어야 할까요?

풀이) 읽어야할 책 수 = ☐ 권

읽은 책 수 = ☐ 권

남는 책 수 = 읽어야 할 책 수 ☐ 읽은 책 수 이므로

식은 ☐ 이고

답은 ☐ 권 입니다.

식) ____________ 답) ☐ 권

03. 화단에 노란꽃과 빨간꽃 **55**송이를 심기로 했습니다. 지금까지 **37**송이를 심었다면, 몇 송이를 더 심어야 할까요?

(식 2점 답 1점)

풀이)

식) ____________ 답) ☐ 송이

04. 내가 문제를 만들어 풀어 봅니다. (두자리수 – 두자리수)

(문제 2점 식 2점 답 1점)

풀이)

식) ____________ 답) ________

확인 (틀린 문제의 수를 적고, 약한 부분을 보충하세요.)

회차	틀린문제수
86 회	문제
87 회	문제
88 회	문제
89 회	문제
90 회	문제

생각해보기

앞에서 배운 5회차 내용이 모두 이해 되었나요?

1. 모두 이해되고 자신있다. → 다음 회로 넘어 갑니다.

2. 2~3문제 틀릴 수는 있겠지만 거의 이해한다.
→ 개념부분을 한번 더 읽고 다음 회로 넘어 갑니다.

3. 잘 모르는 것 같다.
→ 개념부분과 틀린문제를 한번 더 보고 다음 회로 넘어 갑니다.

틀린 문제가 있었다면 왜 틀렸을거라고 생각합니까?

1. 개념 설명이 어려워서 잘 모르겠다. 2. 다 아는데 실수한 것 같다.

3. 빨리 끝내고 싶어서 집중할 수가 없다. 4. 하기 싫어서....

오답노트 (앞에서 틀린 문제나 기억하고 싶은 문제를 적습니다.)

회	번
문제	풀이

회	번
문제	풀이

회	번
문제	풀이

회	번
문제	풀이

회	번
문제	풀이

91 덧셈연습 (1)

월 일
분 초

21 문제 중 문제 맞았

아래 식을 계산하여 값을 적으세요.

01. $23 + 5 =$

02. $32 + 4 =$

03. $54 + 6 =$

04. $40 + 2 =$

05. $16 + 8 =$

06. $67 + 9 =$

07. $75 + 7 =$

08. $45 + 78 =$

09. $34 + 86 =$

10. $52 + 37 =$

11. $63 + 19 =$

12. $87 + 23 =$

13. $79 + 54 =$

14. $98 + 42 =$

15. $16 + 53 =$

16. $58 + 49 =$

17. $47 + 65 =$

18. $62 + 26 =$

19. $24 + 37 =$

20. $85 + 78 =$

21. $96 + 54 =$

이어서 나는 ______ 을(를) 공부/연습할거야!!

월 일
분 초
35 문제 중 문제 맞았어!

제일 앞의 수와 제일 위의 수를 더해서 빈 칸에 적으세요.

01.

+	10	20	30
51	51 + 10 = 61	51 + 20 =	51 + 30 =
64	64 + 10 =	64 + 20 =	64 + 30 =
75	75 + 10 =	75 + 20 =	75 + 30 =

02.

+	10	30	50
23			
47			
69			

03.

+	7	5	9
18			
56			
35			

04.

+	18	56	37
38			
75			
26			

93 뺄셈연습 (1)

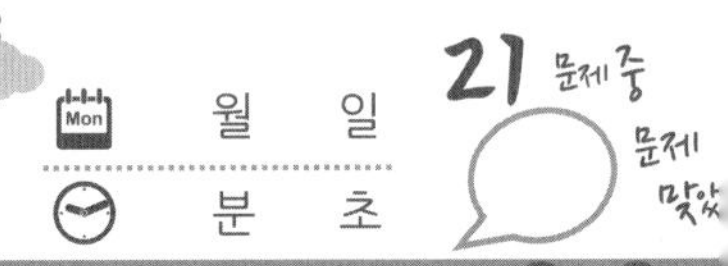

아래 식을 계산하여 값을 적으세요.

01. $14 - 2 =$

02. $35 - 6 =$

03. $20 - 1 =$

04. $57 - 5 =$

05. $78 - 9 =$

06. $95 - 7 =$

07. $67 - 8 =$

08. $34 - 17 =$

09. $58 - 29 =$

10. $42 - 26 =$

11. $65 - 48 =$

12. $73 - 34 =$

13. $97 - 59 =$

14. $81 - 23 =$

15. $102 - 17 =$

16. $124 - 29 =$

17. $111 - 24 =$

18. $153 - 85 =$

19. $145 - 76 =$

20. $136 - 58 =$

21. $103 - 29 =$

 이어서 나는 을(를) 공부/연습할거야!!

94 뺄셈연습 (2)

월 일
분 초

35 문제 중 문제 맞았어!

제일 앞의 수와 제일 위의 수를 빼서 빈 칸에 적으세요.

01.

−	10	20	30
49	49 − 10 = 39	49 − 20 =	49 − 30 =
54	54 − 10 =	54 − 20 =	54 − 30 =
78	78 − 10 =	78 − 20 =	78 − 30 =

02.

−	10	30	50
97			
75			
56			

03.

−	3	5	7
21			
85			
53			

04.

−	27	54	38
64			
92			
76			

월 일
분 초

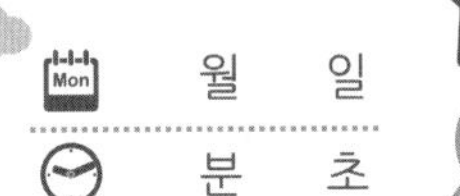

문제) 윗마을과 아랫마을에 사는 사람의 수는 같습니다. 윗마을에는 남자가 35명, 여자가 18명이 살고 있습니다. 아랫마을에 여자가 29명 산다면, 남자는 몇 명이 살고 있을까요?

풀이) 윗마을 사람 수 = 남자 수 + 여자 수 = 35+18 = 53명
아랫마을 사람 수도 53명이므로
아랫마을에 사는 남자 수 = 아랫마을에 사는 사람수 – 아랫마을 여자수
= 53 – 29 = 24명 입니다.

식) 35+18−29 답) 24명

윗마을		아랫마을
남자 35명 여자 18명	=	남자 ? 명 여자 29명

※ 간단풀이 : 여자가 11명 많으므로 남자는 11명이 적습니다. 그래서 35-11= 24명이 됩니다.

아래의 문제를 풀어보세요.

01. 노란 색종이 17장, 파란 색종이 8장, 빨간 색종이 24장이 있습니다. 노란, 파란, 빨간종이는 모두 몇 장일까요?

풀이) 노란 색종이 ☐장, 파란 색종이 ☐장,
빨간 색종이 ☐장
전체 색종이 수 = 노란색 ☐ 파란색 ☐ 빨간
색 수이므로 식은 ☐ 이고
답은 ☐ 장 입니다.

식) ________ 답) ______ 장

02. 냉장고에 밀감 32개가 있어서 4개를 먹었습니다. 오늘 밀감 19개를 더 사왔다면 지금은 밀감이 몇 개 일까요?

풀이) 처음 밀감 수 ☐ 개, 먹은 밀감 수 ☐ 개,
사온 밀감 수 ☐ 개
지금 밀감 수 = 처음 수 ☐ 먹은 수 ☐ 사온 수
이므로 식은 ☐ 이고
답은 ☐ 개 입니다.

식) ________ 답) ______ 개

03. 빵집에 가서 도넛 38개, 식빵 14개, 크림빵 5개를 사서 경로당에 드렸습니다. 모두 몇 개를 드렸을까요?

(식 2점 답 1점)

풀이)

식) ________ 답) ______ 개

04. 내가 문제를 만들어 풀어 봅니다. (수 3개의 계산)

(문제 2점 식 2점 답 1점)

풀이)

식) ________ 답) ______

 이어서 나는 ☐ 을(를) 공부/연습할거야!!

확인 (틀린 문제의 수를 적고, 약한 부분을 보충하세요.)

회차	틀린문제수
91 회	문제
92 회	문제
93 회	문제
94 회	문제
95 회	문제

생각해보기

앞에서 배운 5회차 내용이 모두 이해 되었나요?

1. 모두 이해되고 자신있다. → 다음 회로 넘어 갑니다.

2. 2~3문제 틀릴 수는 있겠지만 거의 이해한다.
→ 개념부분을 한번 더 읽고 다음 회로 넘어 갑니다.

3. 잘 모르는 것 같다.
→ 개념부분과 틀린문제를 한번 더 보고 다음 회로 넘어 갑니다.

틀린 문제가 있었다면 왜 틀렸을거라고 생각합니까?

1. 개념 설명이 어려워서 잘 모르겠다. 2. 다 아는데 실수한 것 같다.

3. 빨리 끝내고 싶어서 집중할 수가 없다. 4. 하기 싫어서....

오답노트 (앞에서 틀린 문제나 기억하고 싶은 문제를 적습니다.)

회	번
문제	풀이

회	번
문제	풀이

회	번
문제	풀이

회	번
문제	풀이

회	번
문제	풀이

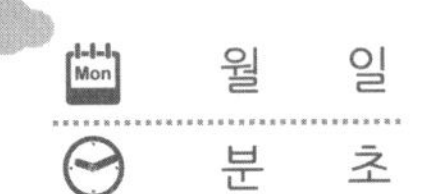

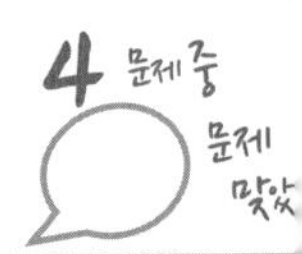

■씩 묶어세기 ➡ ■씩 뛰어세기

사탕이 3개씩 4줄 있습니다.

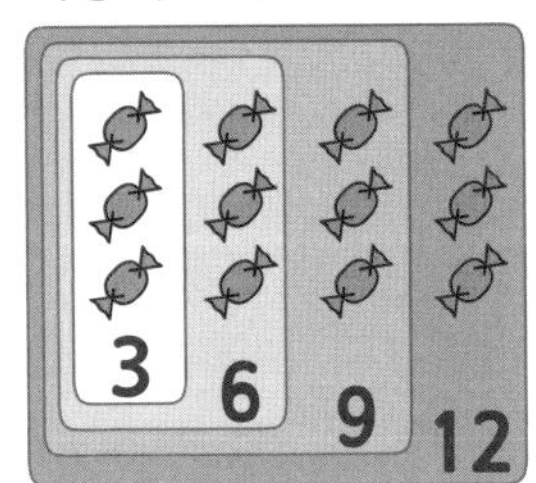

사탕 3개씩 묶어 세기
3 – 6 – 9 – 12

3씩 4번 뛰어세기
3 – 6 – 9 – 12
4번

➡ 사탕은 모두 12개 있습니다.

■씩 ▲묶음 ➡ ■를 ▲번 더하기

사탕이 3개씩 4줄 있습니다.

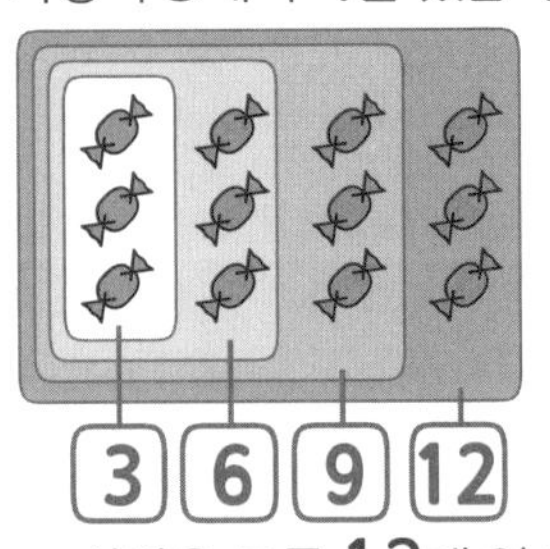

사탕 3개씩 묶어 세기
3 – 6 – 9 – 12

3을 4번 더하기
3+3+3+3 = 12
4번

➡ 사탕은 모두 12개 있습니다.

위의 내용을 이해하고 아래의 그림을 보고, 빈 칸에 들어갈 알맞은 수를 적으세요.

01.

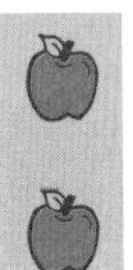

사과가 2개씩 [ ] 줄 있습니다.

2개씩 묶어세면 [ ] – [ ] – [ ] – [ ] 이고

2를 [ ] 번 더하면 [ ] + [ ] + [ ] + [ ]

= [ ] 이므로 사과는 모두 [ ] 개 입니다.

02.

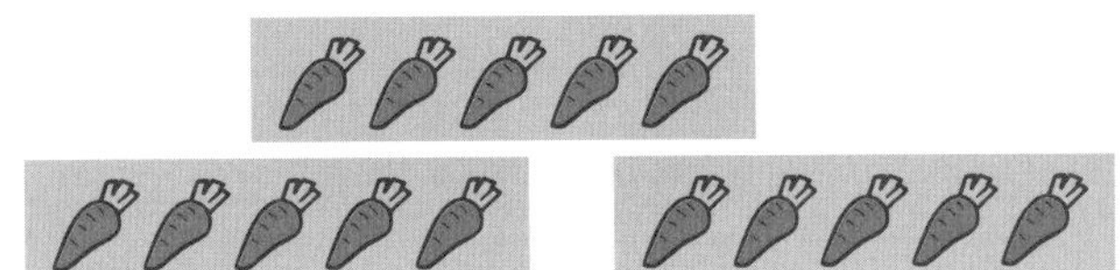

당근이 5개씩 [ ] 묶음 있습니다.

5개씩 뛰어세면 [ ] – [ ] – [ ] 이고

5를 [ ] 번 더하면 [ ] + [ ] + [ ] = [ ]

이므로 당근은 모두 [ ] 개 입니다.

03.

케이크가 4개씩 [ ] 묶음 있습니다.

4개씩 묶어세면 [ ] – [ ] – [ ] – [ ] 이고

4를 [ ] 번 더하면 [ ] + [ ] + [ ] + [ ]

= [ ] 이므로 케익은 모두 [ ] 개 입니다.

04.

아이스크림이 6개씩 [ ] 줄 있습니다.

6개씩 뛰어세면 [ ] – [ ] – [ ] 이고

6을 [ ] 번 더하면 [ ] + [ ] + [ ] = [ ]

이므로 아이스크림은 모두 [ ] 개 입니다.

97 몇 배는 몇 곱하기

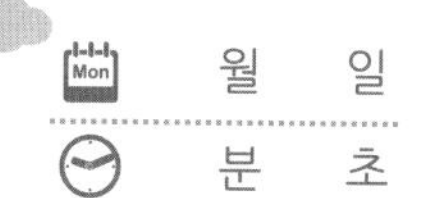

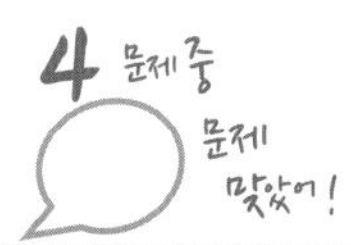

□씩 △묶음 → □의 △배

4개씩 3묶음 → 4의 3배

4씩 3묶음 입니다.

4씩 3묶음은 4의 3배입니다.

4의 3배는 4+4+4=12입니다. (덧셈식)

12는 4의 3배입니다.

■의 ▲배 → ■×▲

4의 3배는 12입니다. → 4×3 = 12

4의 3배
- 곱셈식 : 4×3
- 읽기 : 4 곱하기 3

4의 3배는 12입니다.
- 곱셈식 : 4×3 = 12
- 읽기 : 4 곱하기 3은 12와 같습니다.

위의 내용을 이해하고 아래의 그림을 보고 빈 칸에 들어갈 알맞은 수를 적으세요.

01.

수박

2개씩 4묶음은 2의 □ 배입니다.

뛰어세기로는 □ - □ - □ - □ 이고

덧셈식으로는 □ + □ + □ + □ = □,

곱셈식으로는 □ × □ = □ 입니다.

02.

치즈

3개씩 4묶음은 3의 □ 배입니다.

뛰어세기로는 □ - □ - □ - □ 이고

덧셈식으로는 □ + □ + □ + □ = □

곱셈식으로는 □ × □ = □ 입니다.

03.

도넛

5씩 3묶음은 5의 ____ 배입니다.

뛰어세기로는 ____________ 이고

덧셈식으로는 ____________________,

곱셈식으로는 ____________ 입니다.

04.

케이크

6씩 3묶음은 6의 ____ 배입니다.

뛰어세기로는 ____________ 이고

덧셈식으로는 ____________________,

곱셈식으로는 ____________ 입니다.

98 수직선으로 몇 배 구하기

월 일 분 초

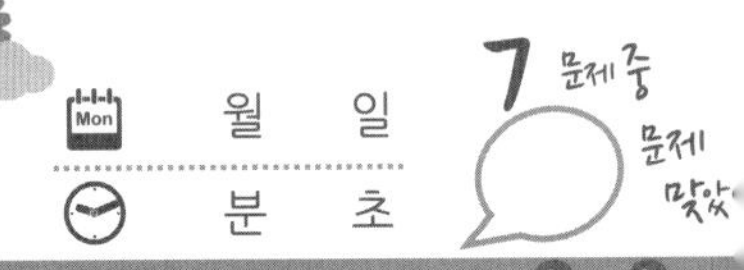

4씩 3묶음 → 4씩 3번 뛰어세기 → 4의 3배
묶어세기

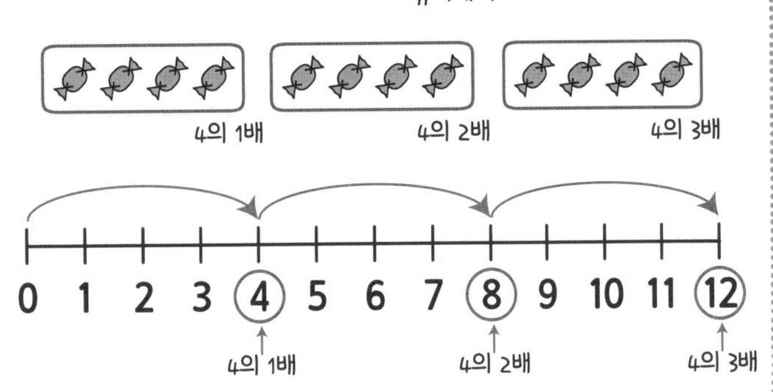

4씩 3묶음 4의 3배 4 + 4 + 4	4씩 3묶음은 12입니다. 4의 3배는 12입니다. 4 + 4 + 4 = 12
⬇	⬇
쓰기 : 4 × 3 읽기 : 4 곱하기 3	4 × 3 = 12 4 곱하기 3은 12와 같습니다.

아래의 수직선을 보고 식으로 나타내 보세요.

01.

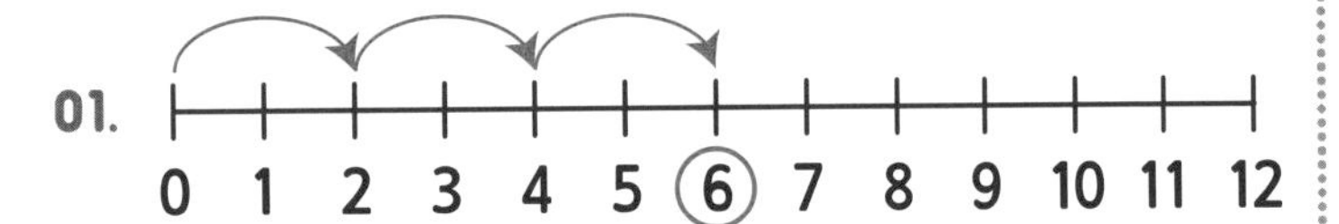

2개씩 3번 뛰어세기하면 ☐ 입니다.

2의 2배는 ☐ 이고, 2의 3배는 ☐ 입니다.

2의 3배의 값을 구하는 덧셈식은 ______ = ______ 이고,

곱셈식으로는 ______ = ______ 입니다.

02.

0 1 2 3 4 5 6 7 8 9 10 11 12

6씩 2번 뛰어세기하면 ☐ 입니다.

6의 1배는 ☐ 이고, 6의 2배는 ☐ 입니다.

6의 2배의 값을 구하는 덧셈식은 ______ = ______ 이고,

곱셈식으로는 ______ = ______ 입니다.

소리내 풀기 덧셈식은 곱셈식으로, 곱셈식은 덧셈식으로 바꾸세요.

03. 5+5+5=15 ➡ 5 × ☐ = ☐

04. 4+4+4+4+4=20

➡ ☐ × ☐ = ☐

05. 3+3+3+3+3+3=18

➡ ☐ × ☐ = ☐

06. 7 × 4 =28

➡ ______ = ☐

07. 2 × 5 =10

➡ ______ = ☐

※ 수학은 복잡한 문제를 단순하게 바꾸는 것을 연습하는 과목입니다. 몇 번 더하는 것보다 한번 곱하는게 편하겠죠!!!

 이어서 나는 ☐ 을(를) 공부/연습할거야!!

묶는 방법에 따라 여러가지 곱셈식으로 나타낼 수 있습니다.

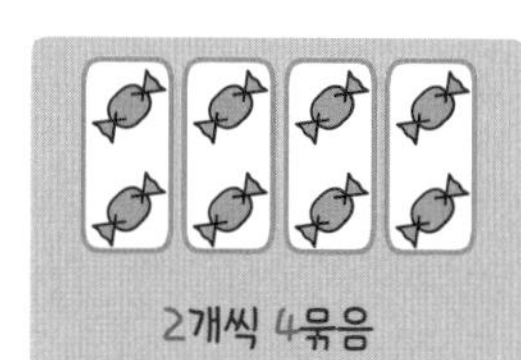

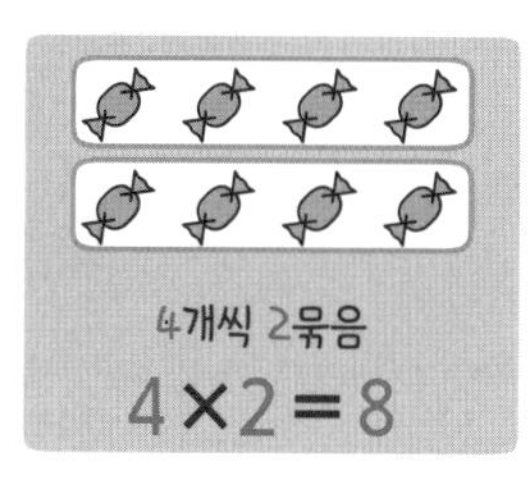

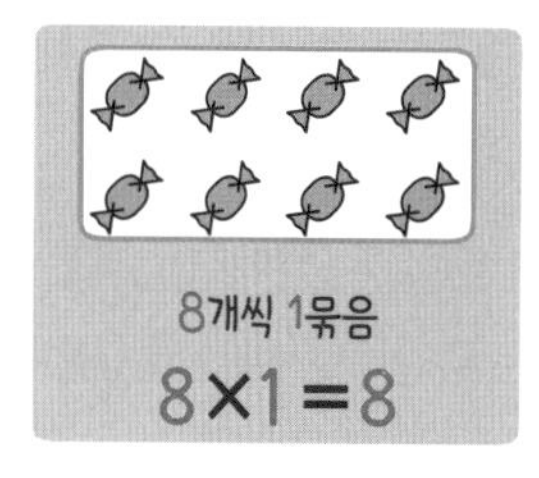

아래의 그림을 식으로 나타내 보세요.

01. 3개씩 더하는 덧셈식을 만들어 보세요.

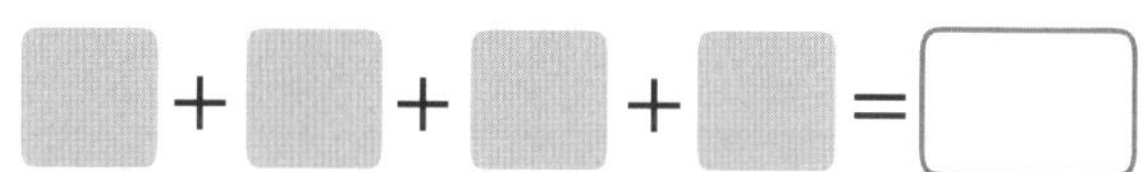

02. 4개씩 더하는 덧셈식을 만들어 보세요.

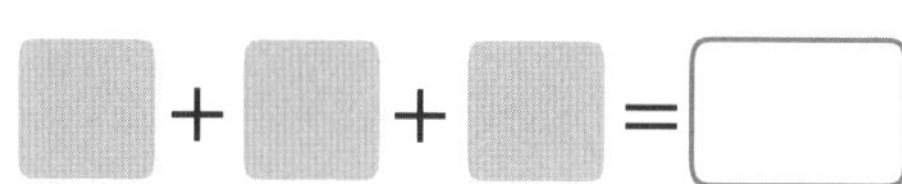

03. 6개씩 더하는 덧셈식을 만들어 보세요.

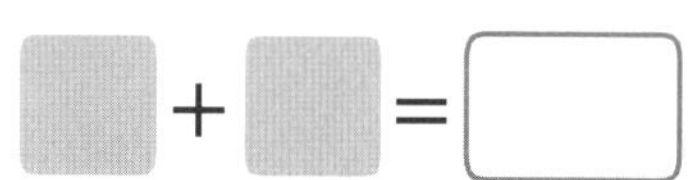

04. 3개씩 곱하는 곱셈식을 만들어 보세요.

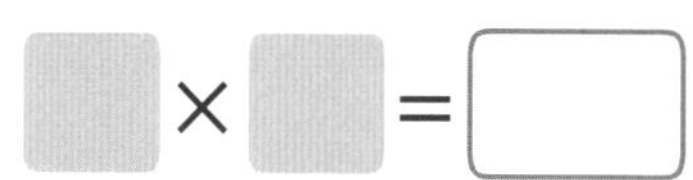

05. 4개씩 곱하는 곱셈식을 만들어 보세요.

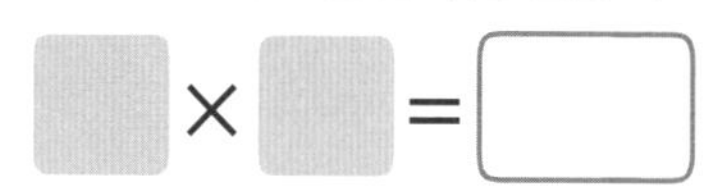

06. 6개씩 곱하는 곱셈식을 만들어 보세요.

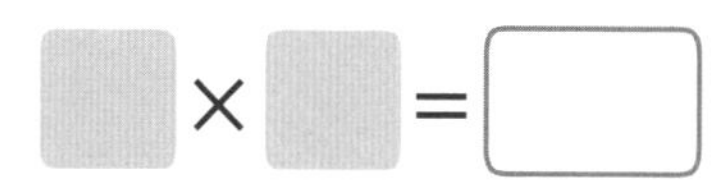

07. 2개씩 곱하는 곱셈식을 만들어 보세요.

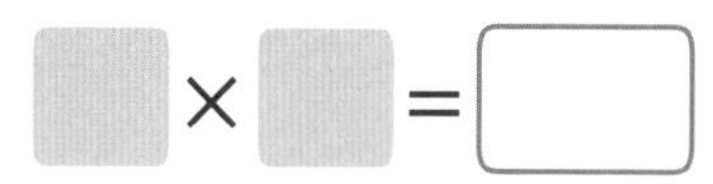

소리내 풀기

그림을 보고 빈칸에 알맞은 수를 적으세요.

08. 3개씩 더하는 덧셈식을 만들어 보세요.

____

09. 6개씩 더하는 덧셈식을 만들어 보세요.

____

10. 9개씩 더하는 덧셈식을 만들어 보세요.

____

11. 3개씩 곱하는 곱셈식을 만들어 보세요.

____

12. 6개씩 곱하는 곱셈식을 만들어 보세요.

____

13. 9개씩 곱하는 곱셈식을 만들어 보세요.

____

문제) 두발 자전거가 4대 있습니다. 바퀴가 모두 몇 개인지 구하는 곱셈식을 만들고, 값을 구하세요.

풀이) 두발 자전거의 바퀴 수 = 2 자전거 수 = 4

전체 바퀴수 = 두발 자전거의 바퀴수 × 자전거 수

이므로 식은 2×4이고 값은 8개 입니다.

따라서 바퀴는 모두 8개 입니다.

식) 2×4 답) 8개

아래의 문제를 풀어보세요.

01. 우리 식구는 5명입니다. 엄마가 저녁 차리를 것을 도와드릴려고 합니다. 젓가락은 몇 개 있어야 할까요?

풀이) 젓가락 1짝이 되려면 필요한 수 = ☐ 개

사람 수 = ☐ 명

필요한 젓가락 수 = 1짝의 수 ☐ 사람 수 이므로

식은 ☐ 이고

답은 ☐ 개 입니다.

식) ________ 답) ☐ 개

02. 우리 반은 4명씩 3모둠으로 이루워져 있습니다. 우리 반은 모두 몇 명일까요?

풀이) 한 모둠의 사람 수 = ☐ 명, 모둠 수 = ☐ 모둠

전체 사람 수 = 한 모둠 사람 수 ☐ 모둠수 이므로

식은 ☐ 이고

답은 ☐ 명 입니다.

식) ________ 답) ☐ 명

03. 구운달걀이 3개씩 묶여 있습니다. 5묶음을 사면 달걀은 모두 몇 개 일까요?

(식 2점 답 1점)

풀이)

식) ________ 답) ☐ 개

04. 내가 문제를 만들어 풀어 봅니다. (곱하기)

(문제 2점 식 2점 답 1점)

풀이)

식) ________ 답) ________

확인 (틀린 문제의 수를 적고, 약한 부분을 보충하세요.)

회차	틀린문제수
96 회	문제
97 회	문제
98 회	문제
99 회	문제
100 회	문제

생각해보기

앞에서 배운 5회차 내용이 모두 이해 되었나요?

1. 모두 이해되고 자신있다. → 다음 회로 넘어 갑니다.

2. 2~3문제 틀릴 수는 있겠지만 거의 이해한다.
   → 개념부분을 한번 더 읽고 다음 회로 넘어 갑니다.

3. 잘 모르는 것 같다.
   → 개념부분과 틀린문제를 한번 더 보고 다음 회로 넘어 갑니다.

틀린 문제가 있었다면 왜 틀렸을거라고 생각합니까?

1. 개념 설명이 어려워서 잘 모르겠다. 2. 다 아는데 실수한 것 같다.

3. 빨리 끝내고 싶어서 집중할 수가 없다. 4. 하기 싫어서....

오답노트 (앞에서 틀린 문제나 기억하고 싶은 문제를 적습니다.)

회 번

문제	풀이

회 번

문제	풀이

회 번

문제	풀이

회 번

문제	풀이

회 번

문제	풀이

스스로 알아서 하는

하루 10분 수학

계산편

3단계 총정리문제

2학년 1학기 과정 8회분

101 총정리 1 (세자리수)

Mon 월 일
분 초

3 문제 중 ( ) 문제 맞았어!

소리내 풀기 10부터 1000까지 10씩 뛰어세기 한 표에 빈칸을 채우고 , 물음에 답하세요.

위

앞 / 뒤

10			40	50		70	80		100
	120	130	140		160	170	180	190	
210	220				260	270	280		
310	320		340	350		370	380	390	400
410	420		440	450					
510	520		540		560	570	580		600
610	620		640	650	660		680	690	
810	820		840	850		870	880		900
910	920	930	850		960	970	980	990	

아래

01. 십의 자리 수가 5인 수에 ○표 하고, 백의 자리 수가 9인 수에 △ 표시를 하세요.

02. 어떤 수에서 뒤로 2칸을 가면 20이 커집니다. 앞로 2칸을 가면 [ ] 이 작아 집니다.

03. 어떤 수에서 아래로 2칸을 가면 200이 커집니다. 위로 2칸을 가면 [ ] 이 작아 집니다.

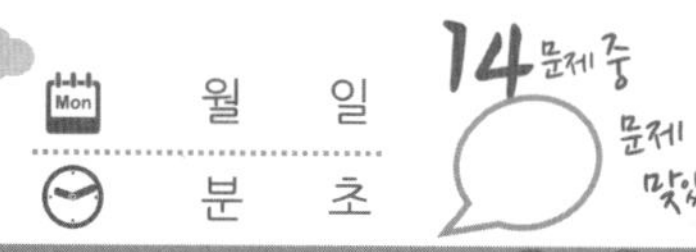

빈 칸에 알맞은 수를 넣고 식의 값을 구하세요.

01. $43 + 27 = \square$
① □
② □

02. $65 + 19 = \square$
① □
② □

03. $24 + 38 = \square$
① □
② □

04. $36 + 45 = \square$
① □ ② □
③ □

05. $17 + 39 = \square$
① □ ② □
③ □

06. $47 + 35$
$= \square + \square + 30$
$= \square + 30$
$= \square$

07. $59 + 26$
$= \square + \square + 20$
$= \square + 20$
$= \square$

08. $36 + 47$
$= \square + \square +$
$\square + \square$
$= \square + \square$
$= \square$

09. $28 + 58$
$= \square + \square +$
$\square + \square$
$= \square + \square$
$= \square$

내가 편한 방법으로 풀어봅니다.

10. $16 + 69 = \square$

11. $43 + 28 = \square$

12. $27 + 35 = \square$

13. $38 + 47 = \square$

14. $54 + 16 = \square$

103 총정리3 (세로 덧셈)

월 일
분 초

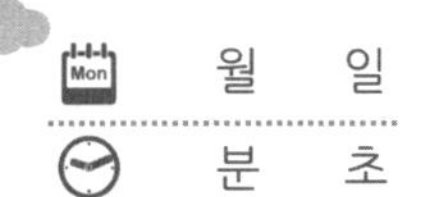

20문제 중 문제 맞았어!

스스로 풀기

받아올림에 주의해서 계산해 보세요.

01.

	2	7
+	1	3

02.

	3	6
+	4	5

03.

	1	9
+	5	7

04.

	6	8
+	3	6

05.

	5	7
+	2	9

06.

	1	3
+	5	7

07.

	5	9
+	3	8

08.

	2	7
+	4	6

09.

	7	2
+	2	3

10.

	3	4
+	1	9

11.

	5	4
+	9	6

12.

	2	8
+	7	4

13.

	3	6
+	8	5

14.

	9	2
+	6	8

15.

	7	9
+	5	7

16.

	8	4
+	7	3

17.

	9	7
+	6	5

18.

	4	9
+	8	4

19.

	5	3
+	7	5

20.

	9	8
+	4	7

104 총정리4(받아내림이 있는 뺄셈)

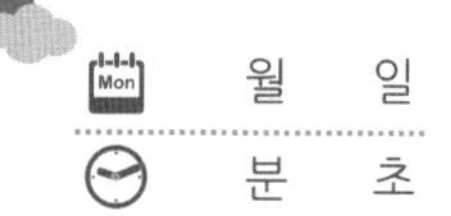

월 일
분 초

소리내 풀기 빈 칸에 알맞은 수를 적고, 식의 값을 구하세요.

01. $41 - 15 = \square$
① $\square$
② $\square$

02. $62 - 24 = \square$
① $\square$
② $\square$

03. $55 - 47$
$= 55 - \square - 7$
$= \square - 7$
$= \square$

04. $73 - 38$
$= 73 - \square - 8$
$= \square - 8$
$= \square$

05. $83 - 37 = \square$
① $\square$
② $\square$

06. $64 - 15 = \square$
① $\square$
② $\square$

07. $72 - 26$
$= 72 - \square - 20$
$= \square - 20$
$= \square$

08. $91 - 49$
$= 91 - \square - 40$
$= \square - 40$
$= \square$

내가 편한 방법으로 풀어봅니다.

09. $35 - 16 = \square$

10. $62 - 35 = \square$

11. $53 - 29 = \square$

12. $74 - 57 = \square$

13. $86 - 48 = \square$

 이어서 나는 ______ 을(를) 공부/연습할거야!!

105 총정리 5 (세로 뺄셈)

받아내림에 주의하여 계산해 보세요.

01.
$$\begin{array}{r} 52 \\ -\ 36 \\ \hline \end{array}$$

02.
$$\begin{array}{r} 71 \\ -\ 28 \\ \hline \end{array}$$

03.
$$\begin{array}{r} 60 \\ -\ 45 \\ \hline \end{array}$$

04.
$$\begin{array}{r} 43 \\ -\ 14 \\ \hline \end{array}$$

05.
$$\begin{array}{r} 84 \\ -\ 57 \\ \hline \end{array}$$

06.
$$\begin{array}{r} 104 \\ -\ 49 \\ \hline \end{array}$$

07.
$$\begin{array}{r} 123 \\ -\ 65 \\ \hline \end{array}$$

08.
$$\begin{array}{r} 111 \\ -\ 51 \\ \hline \end{array}$$

09.
$$\begin{array}{r} 135 \\ -\ 38 \\ \hline \end{array}$$

10.
$$\begin{array}{r} 142 \\ -\ 76 \\ \hline \end{array}$$

11.
$$\begin{array}{r} 100 \\ -\ 62 \\ \hline \end{array}$$

12.
$$\begin{array}{r} 117 \\ -\ 19 \\ \hline \end{array}$$

13.
$$\begin{array}{r} 152 \\ -\ 78 \\ \hline \end{array}$$

14.
$$\begin{array}{r} 124 \\ -\ 67 \\ \hline \end{array}$$

15.
$$\begin{array}{r} 136 \\ -\ 83 \\ \hline \end{array}$$

16.
$$\begin{array}{r} 150 \\ -\ 57 \\ \hline \end{array}$$

17.
$$\begin{array}{r} 142 \\ -\ 76 \\ \hline \end{array}$$

18.
$$\begin{array}{r} 123 \\ -\ 69 \\ \hline \end{array}$$

19.
$$\begin{array}{r} 116 \\ -\ 56 \\ \hline \end{array}$$

20.
$$\begin{array}{r} 100 \\ -\ 99 \\ \hline \end{array}$$

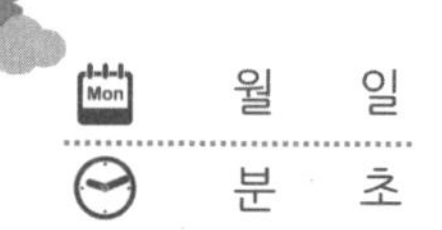

월	일
분	초

아래 식을 계산하여 값을 적으세요.

01. $12 + 8 =$

02. $23 + 7 =$

03. $45 + 9 =$

04. $59 + 3 =$

05. $27 + 6 =$

06. $76 + 5 =$

07. $64 + 8 =$

08. $29 + 68 =$

09. $47 + 36 =$

10. $63 + 17 =$

11. $35 + 29 =$

12. $54 + 63 =$

13. $68 + 81 =$

14. $76 + 52 =$

15. $46 + 57 =$

16. $68 + 45 =$

17. $57 + 74 =$

18. $72 + 68 =$

19. $34 + 69 =$

20. $85 + 96 =$

21. $29 + 83 =$

107 총정리 7 (두자리수의 뺄셈)

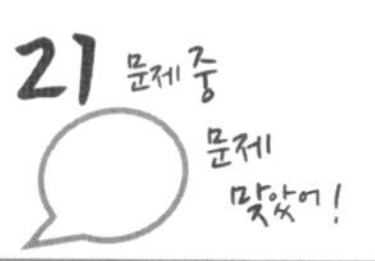

소리내 풀기 아래 식을 계산하여 값을 적으세요.

01. $22 - 5 =$

02. $40 - 7 =$

03. $31 - 3 =$

04. $65 - 6 =$

05. $54 - 8 =$

06. $86 - 9 =$

07. $73 - 4 =$

08. $43 - 27 =$

09. $31 - 19 =$

10. $50 - 46 =$

11. $72 - 68 =$

12. $64 - 34 =$

13. $85 - 59 =$

14. $96 - 17 =$

15. $106 - 25 =$

16. $131 - 43 =$

17. $113 - 71 =$

18. $120 - 62 =$

19. $146 - 58 =$

20. $164 - 97 =$

21. $152 - 89 =$

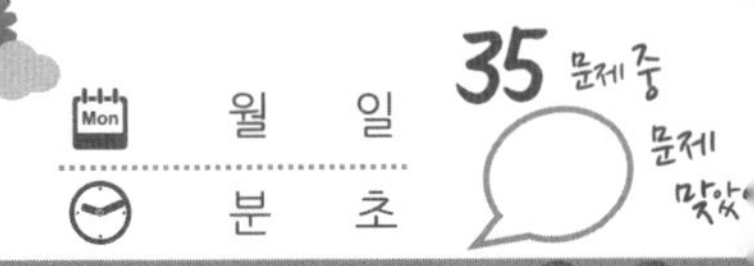

월 일
분 초

35 문제 중 문제 맞았

소리내 풀기 제일 앞의 수와 제일 위의 수를 더하거나, 빼서 빈 칸에 적으세요.
01, 02번 문제 03, 04번 문제

01.

+	14	32	28
34	34 + 14 = 48		
54			
78			

03.

−	27	45	19
73	73 − 27 =		
46			
82			

02.

+	69	57	85
78			
95			
49			

04.

−	46	78	59
125			
100			
113			

스스로 알아서 하는

하루 10분 수학

계산편

가능한 학생이 직접 채점합니다.

틀린문제는 다시 풀고 확인하도록 합니다.

문의 : WWW.OBOOK.KR (고객센타 : 031-447-5009)

3단계 정답지

2학년 1학기 과정

01회(12p)

01 1,100, 백　02 10,100, 백　03 10,20
04 10,20　05 30,30　06 400, 사백
07 800, 팔백　08 300　09 500,700
10 6,9

틀린 문제는 책에 색연필로 표시하고,
오답노트를 작성하거나 5회가 끝나면 다시 보도록 합니다.

02회(13p)

01 2,4,3, 이백사십삼　02 928, 구백이십팔
03 백, 500, 십, 70, 일, 6, 오백칠십육
04 723, 칠백이십삼　05 1,9　06 10,99
07 100,999

03회(14p)

01 617 (>)　02 352 (<)　03 727 (>)
04 109 (<)　05 451 (백, 3 < 4)
06 512 (십, 0 < 1)　07 625 (백, 4 < 6)
08 252 (일, 2 > 0)　09 210 (두 < 세)
10 738 (백, 6 < 7)　11 779 (십, 7 > 6)
12 999 (일, 6 < 9)　13 867 (십, 5 < 6)
14 203 (세 > 두)

04회(15p)

01 321, 123　02 540, 405　03 762, 126
04 953, 305　05 852, 205　06 975, 135
07 864,204　08 853,103

05회(16p)

01 옆을 보세요.　02 10　03 100

01

10	20	30	40	50	60	70	80	90	100
110	120	130	140	150	160	170	180	190	200
210	220	230	240	250	260	270	280	290	300
310	320	330	340	350	360	370	380	390	400
410	420	430	440	450	460	470	480	490	500
510	520	530	540	550	560	570	580	590	600
610	620	630	640	650	660	670	680	690	700
710	720	730	740	750	760	770	780	790	800
810	820	830	840	850	860	870	880	890	900
910	920	930	940	950	960	970	980	990	1000

5회가 끝나면 나오는 확인페이지를 잘 적고,
앞에서 적은 확인페이지를 다시보고,
내가 어떤 것을 잘 틀리고, 중요하게 여기는지 꼭 확인해 봅니다.

06회(18p)

01 102,103,104　02 810,820,830,840
03 200,300,400,500　04 325,326,327,328
05 647,657,667,677　06 563,663,763,863
07 729,730,731,732　08 681,691,701,711
09 682,782,882,982　10 998,999,1000,1001

07회(19p)

01 22,26,22,1　02 78,88,48,10
03 174,274,174,100

08회(20p)

정답 방향

01 302,506,710,423,950,874
02 백이십삼, 이백오, 육백사십, 사백십사, 칠백오십육, 천
03 589,992
04 361,359　164,144　828,628　637,237
05 357,352　471,392　761,729　854,99

⑥ 209,213 600,610 446,646 783,803 169,969

09회(21p)

① 변, 꼭지점

② 3

③ 3,4,5,6,0

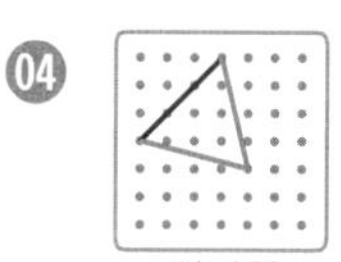
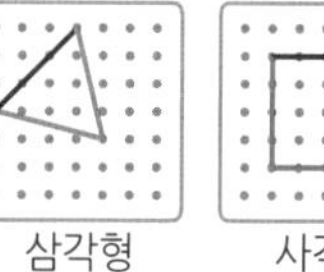
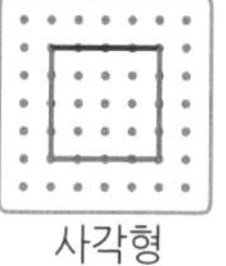

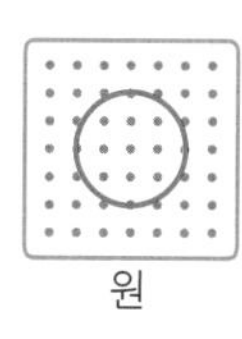

10회(22p)

① 원 ② 꼭지점, 변 ③ 5, 5, 오

④ 삼각형 사각형 오각형 육각형 원

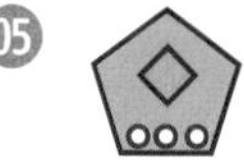
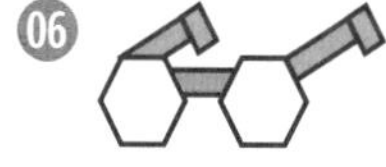

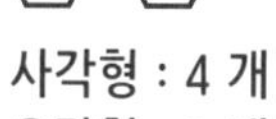

⑤ 원 : 3 개 사각형 : 1 개 오각형 : 1 개

⑥ 사각형 : 4 개 오각형 : 2 개 육각형 : 2 개

⑦ 사각형 : 7 개

④ 모양은 달라도 되지만, 변의 개수는 같아야 합니다.
⑤~⑦ 내가 생각한대로 그려 봅니다.

11회(24p)

① 11,41,41 ② 13,53,53 ③ 11,61,61
④ 4,12,32 ⑤ 8,60,77 ⑥ 40,2,40,9,49
⑦ 17,67,67 ⑧ 8,50,17,67
⑨ = 80+6+8 = 80+14 = 94

12회(25p)

① 11,41,41 ② 15,55,55 ③ 3,9,69
④ 50,50,11,61 ⑤ 40,8,40,14,54
⑥ 70,9,70,17,87 ⑦ =80+5+7=80+12=92
⑧ = 50+7+6 = 50+13 = 63
⑨ = 60+4+9 = 60+13 = 73
⑩ = 70+5+7 = 70+12 = 82
⑪ = 80+3+8 = 80+11 = 91
⑫ = 40+8+4 = 40+12 = 52

13회(26p)

① 15,45,45 ② 11,31,31 ③ 13,53,53
④ 6,10,50 ⑤ 4,13,43 ⑥ 50,14,64
⑦ 14,74,74 ⑧ 60,14,60,74
⑨ = 7+8+70 = 15+70 = 85

14회(27p)

① 14,34,34 ② 11,41,41 ③ 60,12,72
④ 50,12,62 ⑤ 5,40,11,40,51
⑥ 9,20,14,20,34 ⑦ =8+4+50=12+50=62
⑧ = 7+3+40 = 10+40 = 50
⑨ = 6+5+70 = 11+70 = 81
⑩ = 4+9+60 = 13+60 = 73
⑪ = 7+6+40 = 13+40 = 53
⑫ = 8+8+80 = 16+80 = 96

15회(28p)

① 11,41,41 ② 13,53,53 ③ 11,61,61
④ 16,96,96 ⑤ 14,74,74 ⑥ 6,40,11,51
⑦ 60,7,60,15,75 ⑧ =6+5+30=11+30=41
⑨ = 9+7+80 = 16+80 = 96
⑩ = 20+5+6 = 20+11 = 31
⑪ = 50+4+8 = 50+12 = 62
⑫ = 40+6+9 = 40+15 = 55
⑬ = 7+7+30 = 14+30 = 44
⑫ = 5+8+60 = 13+60 = 73

16회(30p)

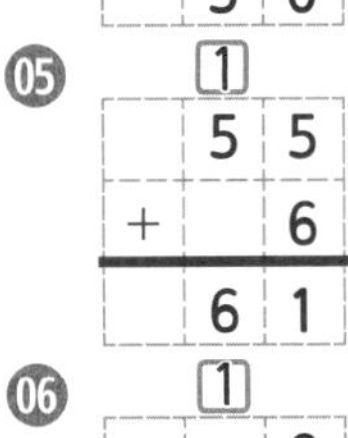

번호	받아올림	윗수	더하는 수	합
01	1	18	+ 5	23
02	1	9	+ 28	37
03	1	39	+ 7	46
04	1	46	+ 4	50
05	1	55	+ 6	61
06	1	8	+ 68	76
07	1	7	+ 56	63
08	1	9	+ 73	82
09	1	6	+ 89	95

17회(31p)

정답 방향

번호	받아올림	윗수	더하는 수	합
01	1	17	+ 7	24
02	1	8	+ 34	42
03	1	59	+ 9	68
04	1	46	+ 8	54
05	1	7	+ 48	55
06	1	9	+ 36	45
07	1	8	+ 54	62
08	1	6	+ 25	31
09	1	53	+ 8	61
10	1	69	+ 6	75
11	1	7	+ 48	55
12	1	9	+ 36	45

18회(32p)

번호	받아올림	윗수	더하는 수	합
01	1	38	+ 7	45
02	1	9	+ 26	35
03	1	76	+ 8	84
04	1	48	+ 5	53
05	1	7	+ 84	91
06	1	9	+ 35	44
07	1	6	+ 57	63
08	1	8	+ 42	50
09	1	55	+ 6	61
10	1	69	+ 5	74
11	1	8	+ 48	56
12	1	7	+ 36	43

19회(33p)

01 21 02 33 03 53 04 44 05 61 06 34 07 53
08 42 09 60 10 50 11 71 12 42 13 64 14 71
15 83 16 72 17 90 18 63 19 82 20 76 21 62

20회(34p)

01 47, 8, +, 47+8, 55 식) 47+8 답) 55

02 7, 34, +, 7+34, 41 식) 7+34 답) 41

03 윤희가 만든 수=26개, 동생이 만든 수=9개
전체 수=윤희가 만든 수+동생이 만든 수 이므로
식은 26+9 이고, 답은 35 입니다. 식) 26+9 답) 35

생각문제의 마지막 04번은 내가 만드는 문제입니다.
내가 친구나 동생에게 문제를 낸다면 어떤 문제를 낼지
생각해서 만들어 보세요.
다 만들고, 풀어서 답을 적은 후 부모님이나 선생님에게
잘 만들었는지 물어보거나, 자랑해 보세요^^

21회(36p)

01 41,51,51 02 22,42,42 03 33,63,63
04 10,34,10,44 05 7,56,30,86
06 37,5,42,20,62 07 54,64,64
08 46,8,54 64 09 64,94,94 10 58,6,64,94

22회(37p)

01 31,41,41 02 51,81,81 03 50,21,50,71
04 9,35,20,55 05 17,6,23,40,63
06 29,4,33,10,43 07 48,5,53,30,83
08 53,7,60,20,80
09 =52+9+10=61+10=71
10 =27+5+40=32+40=72
11 =19+6+30=25+30=55

12
=36+8+20
=44+20
=64

23회(38p)

01 70,13,83 02 20,50,70,83 03 70,12,82

04 5,7,12,82 05 70,14,84 06 80,12,92

07 50,30,80,11,91

08 = 30+9+50+8 = 80+17 = 97

24회(39p)

01 70,11,81 02 30,15,45

03 5,8,13,63 04 50,10,60,13,73

05 = 40+3+20+7 = 60+10 = 70

06 = 20+7+50+8 = 70+15 = 85

07 = 40+6+10+6 = 50+12 = 62

08 = 10+5+30+7 = 40+12 = 52

09 = 30+8+40+5 = 70+13 = 83

10 = 50+4+20+9 = 70+13 = 83

25회(40p)

01 33,63,63 02 65,75,75 03 43,83,83

04 70,15,85 05 60,14,74 06 4,53,83

07 8,64,20,84 08 2,9,70,81 09 20,50,15,85

10 72 (=25+7+40, =20+5+40+7)

11 90 (=54+6+30, =50+4+30+6)

12 64 (=36+8+20, =30+6+20+8)

13 86 (=47+9+30, =40+7+30+9)

14 83 (=68+5+10, =60+8+10+5)

자리수끼리 더하는 방법보다 일의 자리부터 더하는 것이
더 일반적으로 많이 쓰이고, 계산도 편하고 간단합니다.
덧셈과 뺄셈은 특별한 말이 없으면,
일의 자리부터 계산하도록 합니다.

※ 5회가 끝나면 나오는 확인페이지 잘하고 있나요?
내가 잘 모르는 것을 알게 되고, 잘하게 되는게 힘이 됩니다.^^

26회(42p)

01 44 02 54 03 82 04 63 05 60 06 95

07 80 08 91 09 83

04 $\begin{array}{r}45\\+18\end{array}$ 05 $\begin{array}{r}36\\+24\end{array}$ 06 $\begin{array}{r}59\\+36\end{array}$

07 $\begin{array}{r}37\\+43\end{array}$ 08 $\begin{array}{r}19\\+72\end{array}$ 09 $\begin{array}{r}44\\+39\end{array}$

27회(43p)

01 63 02 73 03 90 04 56 05 100 06 61

07 66 08 86 09 51 10 77 11 84 12 94

03 $\begin{array}{r}56\\+34\end{array}$ 04 $\begin{array}{r}29\\+27\end{array}$ 05 $\begin{array}{r}46\\+54\end{array}$ 06 $\begin{array}{r}15\\+46\end{array}$ 07 $\begin{array}{r}38\\+28\end{array}$

08 $\begin{array}{r}49\\+37\end{array}$ 09 $\begin{array}{r}17\\+34\end{array}$ 10 $\begin{array}{r}29\\+48\end{array}$ 11 $\begin{array}{r}65\\+19\end{array}$ 12 $\begin{array}{r}38\\+56\end{array}$

28회(44p)

01 134 02 154 03 112 04 134 05 120 06 137

07 122 08 172 09 174

04 $\begin{array}{r}45\\+89\end{array}$ 05 $\begin{array}{r}63\\+57\end{array}$ 06 $\begin{array}{r}59\\+78\end{array}$

07 $\begin{array}{r}76\\+46\end{array}$ 08 $\begin{array}{r}94\\+78\end{array}$ 09 $\begin{array}{r}85\\+89\end{array}$

29회(45p)

01 121 02 134 03 110 04 134 05 174 06 104

07 100 08 103 09 102 10 124 11 140 12 163

13 131 14 131 15 126

01 $\begin{array}{r}63\\+58\end{array}$ 02 $\begin{array}{r}59\\+75\end{array}$ 03 $\begin{array}{r}64\\+46\end{array}$ 04 $\begin{array}{r}37\\+97\end{array}$ 05 $\begin{array}{r}85\\+89\end{array}$

06 $\begin{array}{r}79\\+25\end{array}$ 07 $\begin{array}{r}83\\+17\end{array}$ 08 $\begin{array}{r}64\\+39\end{array}$ 09 $\begin{array}{r}48\\+54\end{array}$ 10 $\begin{array}{r}56\\+68\end{array}$

11 $\begin{array}{r}95\\+45\end{array}$ 12 $\begin{array}{r}84\\+79\end{array}$ 13 $\begin{array}{r}73\\+58\end{array}$ 14 $\begin{array}{r}46\\+85\end{array}$ 15 $\begin{array}{r}99\\+27\end{array}$

30회(46p)

01 79　02 68　03 67　04 79　05 38
06 100　07 70　08 91　09 94　10 103
11 106　12 107　13 117　14 178　15 145
16 100　17 100　18 123　19 152　20 135

31회(48p)

01 20,15,9,29　02 30,11,6,36　03 40,14,7,47
04 14,10,16　05 12,50,5,55
06 40,13,40,9,49　07 40,16,7,47
08 16,40,7,47　09 =70+11−3=70+8=78

32회(49p)

01 40,13,6,46　02 20,14,8,28　03 12,30,4,34
04 15,50,6,56　05 15,6,20,9,29
06 11,9,40,2,42　07 14,7,50,7,57
08 13,5,30,8,38　09 =30+11−5=30+6=36
10 =60+14−7=60+7=67
11 =50+15−6=50+9=59
12 =70+12−8=70+4=74

33회(50p)

01 11,1,12　02 43,4,47　03 34,2,36
04 10,25,28　05 10,82,5,87
06 77,9,77,1,78　07 66,2,68
08 10,66,2,68　09 =41+10−5=41+5=46

34회(51p)

01 22,10,3,25　02 31,10,5,36　03 10,53,57
04 44,44,3,47　05 10,9,14,1,15
06 10,4,42,6,48　07 33,5,33,5,38
08 21,8,21,2,23　09 =65+10−8=65+2=67
10 =74+10−5=74+5=79
11 =86+10−7=86+3=89
12 =65+10−6=65+4=69

35회(52p)

01 30,7,37　02 80,7,87　03 20,7,20,4,24
04 40,8,40,5,45　05 32,5,37
06 86,1,87　07 21,7,21,3,24　08 43,8,43,2,45
09 19 (=10+15−6, =15+10−6)
10 46 (=40+14−8, =44+10−8)
11 39 (=30+16−7, =36+10−7)
12 58 (=50+17−9, =57+10−9)
13 47 (=40+15−8, =45+10−8)

2가지 방법 중 사람마다 좋아하는 방법은 다르고
둘다 많이 쓰입니다.
내가 좋아하는 방법을 정해서 더 연습해 봅니다.
나는 머리로 뺄셈을 할때, 어떻게 빼고 있는지 생각해 보세요^^
※ 한페이지를 10분안에 풀지 않아도 됩니다.
풀다보면 빨라지니 시간은 참고만 하세요!!

36회(54p)

01
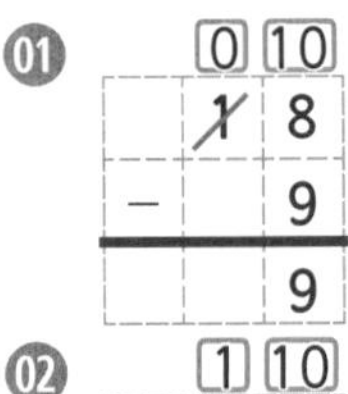

02 [1][10] 25 − 7 = 18
03 [2][10] 32 − 9 = 23
04 [3][10] 43 − 5 = 38
05 [4][10] 51 − 6 = 45
06 [5][10] 64 − 8 = 56
07 [2][10] 30 − 8 = 22
08 [3][10] 42 − 4 = 38
09 [4][10] 53 − 9 = 44

37회(55p)

정답 방향

번호	받아내림	빼지는 수	빼는 수	답
01	0, 10	17	− 8	9
02	1, 10	24	− 9	15
03	4, 10	53	− 5	48
04	3, 10	46	− 8	38
05	5, 10	67	− 9	58
06	3, 10	43	− 6	37
07	7, 10	84	− 7	77
08	8, 10	91	− 5	86
09	4, 10	53	− 8	45
10	5, 10	62	− 6	56
11	2, 10	37	− 8	29
12	6, 10	75	− 9	66

38회(56p)

번호	받아내림	빼지는 수	빼는 수	답
01	2, 10	37	− 9	28
02	1, 10	24	− 8	16
03	3, 10	43	− 7	36
04	4, 10	51	− 6	45
05	5, 10	62	− 7	55
06	4, 10	53	− 6	47
07	6, 10	74	− 8	66
08	3, 10	41	− 5	36
09	8, 10	93	− 8	85
10	6, 10	75	− 7	68
11	7, 10	86	− 9	77
12	8, 10	94	− 6	88

39회(57p)

01 18 02 18 03 29 04 28 05 33 06 37 07 45
08 25 09 45 10 65 11 57 12 39 13 17 14 45
15 63 16 88 17 74 18 65 19 56 20 77 21 83

40회(58p)

01 55,7,−,55−7,48 식) 55−7 답) 48
02 72,9,−,72−9,63 식) 72−9 답) 63
03 처음 자동차 수 = 34대, 나간 자동차 수 = 6대
현재 자동차 수 = 처음 수 − 나간 수 이므로
식은 34−6 이고, 답은 28 입니다. 식) 34−6 답) 28

41회(60p)

01 34,28,28 02 52,45,45 03 15,6,6
04 10,21,8,13 05 30,43,4,39
06 52,5,32,5,27 07 27,18,18
08 50,36,7,29 09 54,46,46 10 20,7,56,7,49

42회(61p)

01 43,38,38 02 11,5,5 03 10,15,8,7
04 34,7,24,7,17 05 43,4,33,4,29
06 74,6,54,6,48 07 =51−30−7=21−7=14
08 = 65−40−5 = 25−5 = 20
09 = 85−50−6 = 35−6 = 29
10 = 64−30−7 = 34−7 = 27
11 = 97−40−9 = 57−9 = 48
12 =76−60−8 =16−8 =8

43회(62p)

01 48,28,28 02 55,45,45 03 36,6,6
04 10,23,10,13 05 4,69,30,39
06 52,20,47,20,27 07 38,18,18
08 7,79,50,29 09 86,46,46
10 = 94−8−40 = 86−40 = 46

44회(63p)

01 56,26,26 02 47,7,7
03 45,9,36,20,16 04 31,10,26,10,16
05 = 51−5−20 = 46−20 = 26

⑥ = 83−4−50 = 79−50 = 29

⑦ = 72−6−40 = 66−40 = 26

⑧ = 92−7−60 = 85−60 = 25

⑨ = 31−8−10 = 23−10 = 13

⑩ = 73−4−30 = 69−30 = 39

⑪ = 52−5−20 = 47−20 = 27

⑫ =84−7−10 =77−10 =67

45회(64p)

01 15,9,9　02 38,33,33　03 54,8,34,8,26

04 62,7,52,7,45　05 29,9,9　06 43,33,33

07 54,20,46,20,26　08 62,10,55,10,45

09 59 (=84−20−5, =84−5−20)

10 36 (=93−50−7, =84−5−20)

11 35 (=71−30−6, =84−5−20)

12 49 (=67−10−8, =84−5−20)

13 7 (=56−40−9, =56−9−40)

46회(66p)

01 18　02 36　03 7　04 22　05 29　06 24

07 26　08 27　09 54

04 40 − 18　05 54 − 25　06 60 − 36

07 72 − 46　08 61 − 34　09 83 − 29

47회(67p)

01 17　02 29　03 18　04 36　05 26　06 29

07 34　08 14　09 58　10 14　11 68　12 19

03 74 − 56　04 63 − 27　05 80 − 54　06 75 − 46　07 62 − 28

08 51 − 37　09 94 − 36　10 62 − 48　11 85 − 17　12 78 − 59

48회(68p)

01 68　02 59　03 78　04 63　05 79　06 74

07 97　08 55　09 78

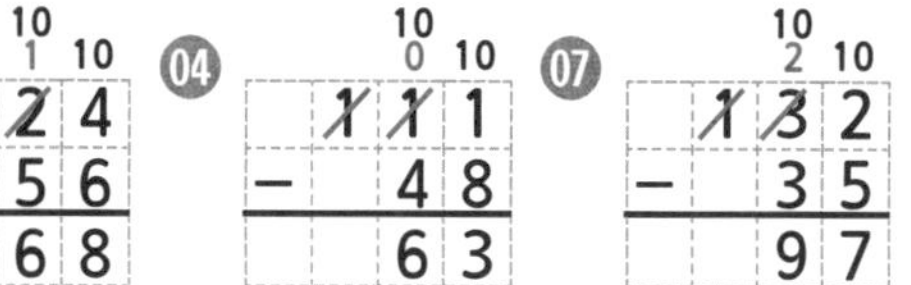

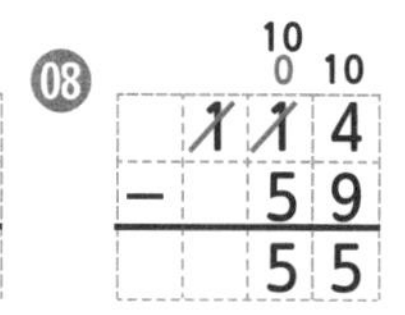

01 124 − 56 = 68　04 111 − 48 = 63　07 132 − 35 = 97

02 132 − 73 = 59　05 163 − 84 = 79　08 114 − 59 = 55

03 145 − 67 = 78　06 150 − 76 = 74　09 146 − 68 = 78

49회(69p)

01 47　02 38　03 79　04 78　05 58

06 56　07 59　08 46　09 56　10 67

11 97　12 89　13 79　14 87　15 38

50회(70p)

01 28　02 15　03 18　04 6　05 28

06 56　07 71　08 71　09 74　10 42

11 57　12 24　13 69　14 48　15 55

16 49　17 55　18 99　19 76　20 59

51회(72p)

01 단위길이　02 작습니다. 큽니다.

03 다릅니다. 없습니다.　04 5　05 2,4　06 6,3,2

52회(73p)

02 0, 끝　03 2　04 없지만, 있습니다.

05 2　06 4　07 2　08 3　09 6

53회(74p)

01 △:2,5 ○:3

02

색깔	□	△	○
수 (개)	3	2	1

03 주:1,3,4 흰:6 검:2,5

04

색깔	주황색	흰색	검정색
수 (개)	3	1	2

05

동물	강아지	고양이	호랑이	곰
수(개)	4	1	3	2

06 10명

07 4

08 강아지, 호랑이

09 분류, 표

54회(75p)

01 80,50 02 85,40 03 70,38

04 68,12 05 86,63 06 77,25

55회(76p)

01 70, 41, 7, 22

02 65, 46, 14, 5

03 98, 63, 27, 8

04 73, 41, 15, 17

05 96, 81, 8, 7

06 84, 45, 32, 7

56회(78p)

01 30,50 02 60,25,60,35 03 65,47,65,18

04 56,19,19,37 05 56,56,27 06 100,68,100,68

07 70,70 08 34,57,23,57 09 17,35,18,35

10 38,74,38,74 11 44,63,19,63 12 65,100,65,100

57회(79p)

01 39−15=24, 39−24=15

02 35−12=23, 35−23=12

03 60−24=36, 60−36=24

04 82−47=35, 82−35=47

05 75−27=48, 75−48=27

06 100−44−56, 100−56=44

07 24+12=36, 12+24=36

08 14+31=45, 31+14=45

09 40+13=53, 13+40=53

10 47+24=71, 24+47=71

11 28+34=62, 34+28=62

12 38+59=97, 59+38=97

13 32+68=100, 68+32=100

07~13 순서가 바뀌어도 됩니다.

58회(80p)

01 10,30, 10,30, 30,10, 30,10

02 43,63, 43,63, 63,43, 63,43

03 47,60, 47,60, 60,47, 60,47

04 33,12, 12,33, 12,33, 33,12

05 30+17=47, 17+30=47, 47−17=30, 47−30=17

06 21+35=56, 35+21=56, 56−21=35, 56−35=21

07 42+37=79, 37+42=79, 79−37=42, 79−42=37

08 두 수를 내가 좋아하는 수로 정하고,
두 수의 합을 3번째 수로 정해 식을 만들어 봅니다.

01~04 순서가 바뀌면 안됩니다.
05~08 순서가 바뀌어도 됩니다.

59회(81p)

01 식 : + 값 : 3

02 식 : 5 + □ = 14 값 : 9

03 식 : 17+□ = 23 값 : 6

04 식 : 4 + □ = 10 값 : 6

05 식 : + 값 : 5

06 식 : 4 + □ = 15 값 : 11

07 식 : 6 + □ = 12 값 : 6

60회(82p)

01 식 : − 값 : 7

02 식 : 15 − □ = 8 값 : 7

03 식 : 26−□ = 19 값 : 7

04 식 : 8 − □ = 1 값 : 7

05 식 : − 값 : 3

06 식 : 15 − □ = 5 값 : 10

07 식 : 13 − □ = 7 값 : 6

61회(84p)

01 23,27 02 37,44 03 48,56 04 30,36
05 31,40 06 25,31 07 14,51 08 16,62
09 41,45 10 31,40 11 56,64 12 35,41

62회(85p)

01 27,18 02 53,48 03 36,29 04 23,17
05 23,20 06 36,28 07 50,41 08 42,35
09 27,19 10 17,8 11 51,46 12 41,37

63회(86p)

01 9,13 02 18,24 03 37,44 04 28,31
05 59,60 06 25,33 07 38,42 08 22,30
09 49,52 10 17,22 11 37,46 12 28,32

64회(87p)

01 20,15 02 11,4 03 37,34 04 26,21
05 18,10 06 47,40 07 35,29 08 23,18
09 25,19 10 38,34 11 18,10 12 48,39

65회(88p)

01 31 02 42 03 91 04 27 05 58
06 26 07 48 08 17 09 62 10 51
11 44 12 27 13 40 14 9 15 50

※ 지금까지 적은 확인페이지를 한번 다시 봅니다.

66회(90p)

01 81,60 02 95,54 03 75,22
04 61,45 05 100,77 06 81,49

67회(91p)

01 23,28 02 31,33 03 55,50 04 44,40
05 25,52 06 27,61 07 81,40 08 62,50
09 68,41 10 40,6 11 48,19 12 36,8

68회(92p)

01 40,47 02 51,60 03 60,74 04 31,44
05 57,49 06 26,20 07 18,42 08 26,41
09 52,20 10 27,4 11 27,19 12 47,28

69회(93p)

01 61,90 02 53,70 03 53,29
04 50,37 05 28,53 06 44,52
07 59,38 08 32,8 09 47,29

70회(94p)

01 32,5,13,−,+,32−5+13,40
식) 32−5+13 답) 40

02 54,4,12,−,+,54−4+12,62
식) 54−4+12 답) 62

03 23,14,5,−,−,23−14−5,4
식) 23−14−5 답) 4

04 처음 색종이 수 = 42장, 학 만든 수 = 16장
비행기 만든 수 = 8장
남은 수 = 처음 수 − 학 만든 수 − 비행기 만든수 이므로
식은 42−16−8 이고, 답은 18 입니다.
식) 42−16−8 답) 18

※ 하루 10분 수학을 다하고 다음에 할 것을 정할 때
수학익힘책을 예습하거나, 복습하는 것도 좋습니다.
수학공부는 교과서, 익힘책, 하루10분수학으로 충분합니다.^^

71회(96p)

01 24 02 21 03 23 04 25 05 21 06 21
07 53 08 55 09 60 10 80 11 73 12 82
13 70 14 81 15 91 16 72 17 90 18 82

72회(97p)

01 100 02 100 03 130 04 100 05 130 06 120
07 103 08 135 09 117 10 118 11 131 12 116
13 118 14 126 15 117 16 117 17 127 18 117

73회(98p)

01 31 02 61 03 71 04 80 05 81 06 82
07 112 08 143 09 122 10 123 11 140 12 120
13 103 14 100 15 133 16 100 17 109 18 178

74회(99p)

01 43 02 84 03 42 04 91 05 63 06 74
07 62 08 132 09 110 10 105 11 108 12 173
13 130 14 173 15 140 16 111 17 133 18 116
19 136 20 112 21 160

75회(100p)

01 42 02 73 03 62 04 81 05 95 06 91
07 94 08 112 09 109 10 116 11 126 12 119
13 109 14 147 15 104 16 101 17 108 18 120
19 142 20 163 21 123

※ 부지불식 일취월장 – 자신도 모르게 성장하고 발전한다.
꾸준히 무엇인가를 하다보면 어느 순간 달라진 나 자신을
발견하게 됩니다.
무엇이든 할 수 있다고 생각하고, 좋은 쪽으로 생각하면
잘하게 되고, 사람도 많이 따르게 됩니다.

76회(102p)

01 59 02 57 03 95 04 90 05 62
06 82 07 61 08 86 09 77 10 90
11 106 12 128 13 146 14 168 15 125
16 100 17 100 18 133 19 162 20 175

77회(103p)

01 60 02 92 03 90 04 63 05 81
06 60 07 121 08 66 09 98 10 163
11 96 12 91 13 115 14 99 15 110
16 63 17 121 18 93 19 125 20 195

78회(104p)

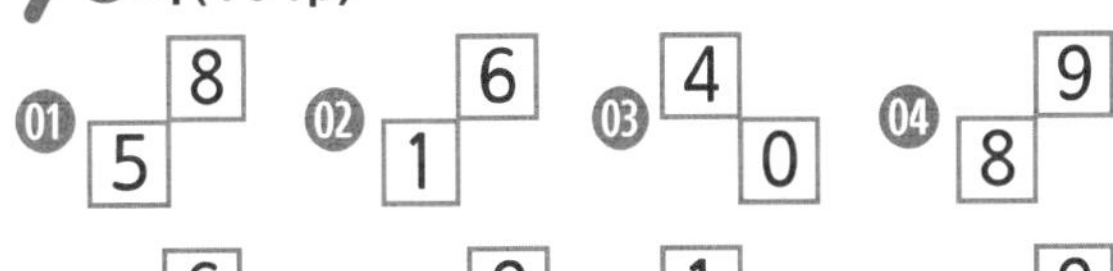

01 8 / 5 02 6 / 1 03 4 / 0 04 9 / 8
05 6 / 2 06 9 / 5 07 1 / 2 08 9 / 8
09 4 / 4 10 8 / 0 11 8 / 5 12 9 / 3

79회(105p)

01 1 / 3 02 1 / 3 03 7 / 9 04 5 / 6
05 6 / 1 06 5 / 6 07 2 / 2 08 8 / 0
09 4 / 6 10 9 / 4 11 6 / 2 12 6 / 1

80회(106p)

01 75,18,+,75+18,93 식) 75+18 답) 93
02 39,16,+,39+16,55 식) 39+16 답) 55

03 노란꽃 수 = 24송이, 빨간꽃 수 = 37송이
전체 수 = 노란꽃 수 – 빨간꽃 수 이므로
식은 24+37 이고, 답은 61 입니다.
식) 24+37 답) 61

81회(108p)

01 19 02 15 03 29 04 29 05 32 06 38
07 47 08 68 09 58 10 38 11 49 12 63
13 37 14 67 15 17 16 17 17 28 18 8

82회(109p)

01 7 02 9 03 39 04 39 05 38 06 36
07 17 08 14 09 25 10 38 11 57 12 21
13 91 14 73 15 71 16 68 17 53 18 82

83회(110p)

01 86 02 83 03 82 04 72 05 81 06 95
07 71 08 87 09 95 10 87 11 67 12 49
13 56 14 68 15 78 16 88 17 68 18 79

84회(111p)

01 7 02 16 03 31 04 37 05 48 06 55
07 67 08 12 09 11 10 31 11 31 12 33
13 12 14 72 15 6 16 8 17 28 18 38
19 17 20 79 21 48

85회(112p)

01 91 02 97 03 106 04 117 05 147 06 139
07 127 08 64 09 81 10 73 11 72 12 95
13 93 14 43 15 66 16 53 17 64 18 49
19 97 20 59 21 98

86회(114p)

01 33 02 22 03 6 04 6 05 16 06 73 07 62
08 75 09 72 10 43 11 85 12 46 13 76 14 40
15 55 16 49 17 27 18 97 19 96 20 76

87회(115p)

01 43 02 26 03 21 04 20 05 15 06 74 07 92
08 40 09 18 10 78 11 89 12 92 13 72 14 90
15 93 16 63 17 29 18 73 19 70 20 78

88회(116p)

01 2, 4 02 5, 3 03 6, 8 04 2, 4
05 1, 1 06 7, 4 07 2, 8 08 1, 5
09 1, 3 10 8, 2 11 2, 9 12 2, 3

89회(117p)

01 5, 4 02 3, 2 03 6, 7 04 0, 5
05 0, 1 06 6, 3 07 1, 5 08 7, 4
09 0, 2 10 6, 3 11 1, 4 12 6, 4

90회(118p)

01 95,79,–,95–79,16 식) 95–79 답) 16
02 61,43,–,61–43,18 식) 61–43 답) 18
03 심어야 되는 꽃 = 55송이, 심은 꽃 = 37송이
남은 수 = 심어야 되는 수 – 심은 수 이므로 식은 55–37
이고, 답은 18 입니다. 식) 55–37 답) 18

91회(120p)

01 28 02 36 03 60 04 42 05 24 06 76 07 82
08 123 09 120 10 89 11 82 12 110 13 133 14 140
15 69 16 107 17 112 18 88 19 61 20 163 21 150

92회(121p)

01

61	71	81
74	84	94
85	95	105

02

33	53	73
57	77	97
79	99	119

03

25	23	27
63	61	65
42	40	44

04

56	94	75
93	131	112
44	82	63

93회(122p)

01 12 02 29 03 19 04 52 05 69 06 88 07 59
08 17 09 29 10 16 11 17 12 39 13 38 14 58
15 85 16 95 17 87 18 68 19 69 20 78 21 74

94회(123p)

01

39	29	19
44	34	24
68	58	48

02

87	67	47
65	45	25
46	26	6

03

18	16	14
82	80	78
50	48	46

04

37	10	26
65	38	54
49	22	38

95회(124p)

01 17,8,24,+,+,17+8+24,49
식) 17+8+24 답) 49

02 32,4,19,−,+,32−4+19,47
식) 32−4+19 답) 47

03 도넛 수 = 38개, 식빵 수 = 14개, 크림빵 수 = 5개
전체 수 = 도넛 수 + 식빵 수 + 크림빵 수 이므로
식은 38+14+5 이고, 답은 57 입니다.
식) 38+14+5 답) 57

96회(126p)

01 4, 2−4−6−8, 4, 2+2+2+2=8, 8
02 3, 5−10−15, 3, 5+5+5=15, 15
03 4, 4−8−12−16, 4, 4+4+4+4=16, 16
04 3, 6−12−18, 3, 6+6+6=18, 18

97회(127p)

01 4, 2−4−6−8, 2+2+2+2=8, 2×4=8
02 4, 3−6−9−12, 3+3+3+3=12, 3×4=12
03 3, 5−10−15, 5+5+5=15, 5×3=15
04 3, 6−12−18, 6+6+6=18, 6×3=18

98회(128p)

01 6, 4, 6, 2+2+2=6, 2×3=6
02 12, 6, 12, 6+6=12, 6×2=12
03 3,15 04 4,5,20 05 3,6,18 05 7+7+7+7=28
06 2+2+2+2+2=10

99회(129p)

01 3+3+3+3=12 02 4+4+4=12 03 6+6=12
04 3×4=12 05 4×3=12 06 6×2=12 07 2×6=12
08 3+3+3+3+3+3=18 09 6+6+6=18 10 9+9=18
11 3×6=18 12 6×3=18 13 9×2=18

100회(130p)

01 2,5,×,2×5,10 식) 2×5 답) 10
02 4,3,×,4×3,12 식) 4×3 답) 12
03 1 묶음당 개수 = 3개, 묶음 수 = 5개
전체 수 = 1 묶음당 개수 × 묶음 수 이므로 식은 3×5
이고, 답은 15 입니다. 식) 3×5 답) 15

스스로 알아서 하는

하루 10분 수학

3단계(2학년1학기) 총정리 8회분 정답지

101회(총정리1회, 133p)

01

10	20	30	40	50	60	70	80	90	100
110	120	130	140	150	160	170	180	190	200
210	220	230	240	250	260	270	280	290	300
310	320	330	340	350	360	370	380	390	400
410	420	430	440	450	460	470	480	490	500
510	520	530	540	550	560	570	580	590	600
610	620	630	640	650	660	670	680	690	700
710	720	730	740	750	760	770	780	790	800
810	820	830	840	850	860	870	880	890	900
910	920	930	940	950	960	970	980	990	1000

02 20　03 200

102회(총정리2회, 134p)

01 50,70　02 74,84　03 32,62　04 70,11,81

05 40,16,56　06 47,5,52,82　07 59,6,65,85

08 = 30+6+40+7 = 70+13 = 83

09 = 20+8+50+8 = 70+16 = 86

10 85 (=16+9+60, =10+6+60+9)

11 71 (=43+8+20, =40+3+20+8)

12 62 (=27+5+30, =20+7+30+5)

13 85 (=38+7+40, =30+8+40+7)

14 70 (=54+6+10, =50+4+10+6)

103회(총정리3회, 135p)

01 40　02 81　03 76　04 104　05 86　06 70　07 97

08 73　09 95　10 53　11 150　12 102　13 121　14 160

15 136　16 157　17 162　18 133　19 128　20 145

104회(총정리4회, 136p)

01 31,26　02 42,38　03 40,15,8　04 30,43,35

05 76,46　06 59,49　07 6,66,46　08 9,82,42

09 19 (=35−10−6, =35−6−10)

10 27 (=62−30−5, =62−5−30)

11 24 (=53−20−9, =53−9−20)

12 17 (=74−50−7, =74−7−50)

13 38 (=86−40−8, =86−8−40)

105회(총정리5회, 137p)

01 16　02 43　03 15　04 29　05 27　06 55　07 58

08 60　09 97　10 66　11 38　12 98　13 74　14 57

15 53　16 93　17 66　18 54　19 60　20 1

106회(총정리6회, 138p)

01 20　02 30　03 54　04 62　05 33　06 81　07 72

08 97　09 83　10 80　11 64　12 117　13 149　14 128

15 103　16 113　17 131　18 140　19 103　20 181　21 112

107회(총정리7회, 139p)

01 17　02 33　03 28　04 59　05 46　06 77　07 69

08 16　09 12　10 4　11 4　12 30　13 26　14 79

15 81　16 88　17 42　18 58　19 88　20 67　21 63

108회(총정리8회, 140p)

01

48	66	62
68	86	82
92	110	106

02

147	135	163
164	152	180
118	106	134

03

46	28	54
19	1	27
55	37	63

04

79	47	66
54	22	41
67	35	54

이제 2학년 1학기 원리와 계산력 부분을 모두 배웠습니다.
이것을 바탕으로 서술형/사고력 문제도 자신있게 풀어보세요!!!
수고하셨습니다.